高等学校教材

无线信号评估技术概论

主　编　唐成凯　张玲玲

副主编　刘洋洋　丹泽升　岳　哲　陈沛林

编　者　唐成凯　张玲玲　刘洋洋　丹泽升

岳　哲　陈沛林　骆云娜　张家乐

郑泽辰　杨　俊　王军梁

西北工业大学出版社

西　安

【内容简介】 “无线信号评估技术概论”是高等学校电子类专业的必修课程。随着5G的广泛应用，无线信号已经成为通信的主流，而信号质量评估是确保信息可靠传输的关键因素，针对市面上的通信类教材对信号的质量评估仅从诸如信噪比、误码率等单一指标入手，本书建立了涵盖信号自身、传输环境等多个角度的质量评估方法、标准和全新的评估架构，能够满足电路综合实验对电子设计量化的需求，全面重构相关实验课程内容，贴合新工科下电子类实验教学的培养目标。

本书面向的读者群是高等学校大二年级以上电子类及其他相关专业的学生，通过本书可以有效学习无线电质量评估相关实验的原理、测试手段、验证方法和评价体系，增强学生对无线电技术的掌握。本书所设计的实验具有完善的测试方案，以无线通信为基础的相关电子类专业研究方向的本科生、研究生及工程人员也可以将本书作为教材和参考书使用。

图书在版编目(CIP)数据

无线信号评估技术概论 / 唐成凯，张玲玲主编．西安 ：西北工业大学出版社，2024.6. -- ISBN 978-7-5612-9310-2

Ⅰ.TN911

中国国家版本馆CIP数据核字第2024PZ8920号

WUXIAN XINHAO PINGGU JISHU GAILUN

无 线 信 号 评 估 技 术 概 论

唐成凯　张玲玲　主编

责任编辑：王梦妮　　**策划编辑：**杨　军

责任校对：高茸茸　　**装帧设计：**李　飞

出版发行：西北工业大学出版社

通信地址：西安市友谊西路127号　　邮编：710072

电　　话：(029)88491757，88493844

网　　址：www.nwpup.com

印 刷 者：兴平市博闻印务有限公司

开　　本：787 mm×1 092 mm　　1/16

印　　张：8

字　　数：200千字

版　　次：2024年6月第1版　　2024年6月第1次印刷

书　　号：ISBN 978-7-5612-9310-2

定　　价：38.00元

如有印装问题请与出版社联系调换

前 言

信号质量评估是当今电子技术领域中不可或缺的一环，随着电子系统系统化和工程化的快速发展，这一领域的重要性愈发显著。电子系统已经渗透到国民生活的各个方面，从通信到导航，从医疗到娱乐，无所不包。因此，社会对电子技术相关领域的人才需求急剧增加，这不仅包括具备扎实的理论知识的人才，还包括具备实际工程实践经验的新工科人才。

在国家“十四五”规划中，新工科人才培养被明确提出，这意味着我们需要更加注重实际应用和工程实践的培养，而不仅仅是传统的理论教育。在通信领域，信号质量评估是确保信息可靠传输的关键因素之一。无论是移动通信、互联网传输还是卫星通信，信号质量评估都有助于确定信号的清晰度和完整性，从而确保通信不受干扰或损失。在数据传输和存储中，信号质量评估有助于检测和纠正数据损坏或丢失问题，这对于金融交易、医疗记录、科学实验等需要数据具有高度完整性的领域至关重要。在无线通信领域，信号质量评估直接影响了移动电话、Wi-Fi、蓝牙和其他无线技术的性能。信号质量决定了通话质量、数据传输速度和覆盖范围。在航空航天和国防领域，信号质量评估对于导航、通信和目标追踪至关重要。信号质量的精确评估可确保军事和民用飞行器的安全性和准确性。在科学研究中，信号质量评估对于实验数据的可信度至关重要。科学家需要确保实验结果不受噪声等干扰的影响，以制定准确的理论和结论。

总的来说，信号质量评估对于保障现代社会的各个领域的正常运转和安全性至关重要。它有助于提高通信系统的效率、电子设备的性能、医疗诊断的准确性以及科学研究的可信度。因此，不论是在技术领域还是在日常生活中，信号质量评估都扮演着不可或缺的角色。

正是在这个背景下，《无线信号评估技术概论》一书诞生了。本书是由西北工业大学多位具有多年工程实践经验的骨干教授共同合作编写的，书中涵盖了大量关于信号质量评估的理论知识和仿真实验。本书从最为基本的信号和信道的概念出发，通过理论讲解、实验仿真以及公式推导等多个方面和角度向读者展示了信号质量评估体系化的研究，同时也对当前所使用到的无线电搜救信号以及全球导航卫星系统(Global Navigation Satellite System, GNSS)信号的质量分析进行了详细的介绍，提出了全新的信号质量评估体系架构，并通过多角度、多领域的分析，更为完善、细致地对信号进行了质量分析与评估。

本书还充分考虑了电子系统的特性，通过大量的实例对室内导航定位系统的各个模块进行了引导性教学，同时对可能遇到的关键问题进行了预制分析和解答。这使得读者能够在实践中更加熟练地应用所学知识，获得优秀的工程实践能力。

作为西北工业大学电子信息类系列教材之一，本书设计了大量详细的教学引导思路，将成为各类高等学校电子大类课程的重要指导用书。通过本书的学习，读者能更好地理解信号质量评估的重要性，以及信号质量评估的评估体系和方法，为电子技术领域的发展和应用贡献自己的力量。希望本书能够成为读者在电子系统领域的忠实伙伴，引领读者走向前进的道路。

本书共分为8章，内容依据相关的理论课程的进展进行了合理安排，教师可根据各自情况选择使用。其中：前5章涉及信号与信道的分析评估，内容较为基础，包含了信道的参数以及评估方法；后3章则具体针对不同的信号进行了评估分析，包括对无线电搜救信号以及GNSS信号的展开评估，同时也对前面章节所总结评估的方法进行了验证。为了保证教学内容的完整性，笔者在编写本书的过程中尽可能补充了相关部分的基础理论知识和背景，实现了实验教学内容的完整性。

本书由西北工业大学的唐成凯和张玲玲担任主编；西北工业大学的刘洋洋、丹泽升，河南理工大学的岳哲，中国电子科技集团公司第五十四研究所的陈沛林担任副主编；西北工业大学的骆云娜、张家乐、郑泽辰、杨俊和王军梁参与编写。本书编写分工如下：第1章由唐成凯、张家乐、郑泽辰执笔，第2章由张玲玲、丹泽升、岳哲执笔，第3章由唐成凯、张玲玲、岳哲执笔，第4章由唐成凯、刘洋洋、骆云娜执笔，第5章由唐成凯、陈沛林、张家乐执笔，第6章由张玲玲、陈沛林、骆云娜执笔，第7章由丹泽升、刘洋洋、岳哲、骆云娜执笔，第8章由唐成凯、丹泽升、岳哲、张家乐、郑泽辰、杨俊、王军梁执笔，全书例程编写与仿真系统构建和修订由唐成凯和刘洋洋负责，全书总纂由张玲玲完成。

在编写本书的过程中，笔者得到了西北工业大学电子信息学院廉保旺、张怡、高永胜、包涛、林华杰、张妍、张云燕、曾丽娜、刘雨鑫、杨瑾等老师的帮助与支持，在此表示感谢。同时，感谢本书参考文献的相关作者。

由于本书内容取材丰富，加之笔者水平有限，书中难免存在不足之处，诚恳地希望广大读者批评指正。

编　者

2023年12月于西北工业大学

目　录

第1章 绪 论

1.1 引 言

信号质量直接影响通信系统的性能，通过对信号质量的分析，可以对通信系统中传递的信号有更为清晰、明确的认识。另外，通过对信号质量的评估也能更好地检验通信系统的安全性。

信号质量评估不是直接对信号进行整形、去噪以及特征提取等处理，而是通过噪声的特点或波形特征进行具体分析，得到反映信号质量高低的信号质量指数，对信号的整体数据或者局部数据进行综合评价。通常，信号质量评估流程包括评估参数的选取、评估标准和模型的建立。另外，还有各项评估指数的确立，通过确立各项评估指数，可以对信号质量从时域、频域、相关域以及调制域等多个维度来进行分析。

信号的质量评估方法主要分为两类：一类为数据级评估，即将原始信号的采样值作为分析对象，对信号的整体数据或者局部数据进行综合评价；另一类主要从通信系统性能评估、空间信号质量评估、各个导航信息评估、导航服务性能评估等多个维度进行全面的评估，进而对信号进行判断，得出信号评估结果。

1.2 信号评估研究背景和现状

从 20 世纪 80 年代开始到 2023 年，信号的评估研究日趋成熟。早在 20 世纪，在针对卫星导航系统的质量评估研究上，欧美国家对导航信号质量的分析评估工作就展现了极为重视的态度，而这一切要从信号发生异常开始讲起。

最早出现的信号异常事件发生在 1993 年 10 月，美国全球定位系统（Global Position System，GPS）PRN 19 号卫星出现了信号异常，地面接收机设备在接收解算定位信息时，发现在采用包含 GPS PRN 19 号卫星的观测数据时，造成的伪距观测误差达 3～8 m，在经过数据预处理将该卫星剔除后，定位精度误差恢复正常。

随后，英国利兹大学（University of Leeds）通过监测卫星信号频谱与时域波形的方式，在对 L1 的频段分析中发现了频谱载波出现了泄漏的情况，频谱边缘部分出现了非对称的现象，主瓣出现了 11 dB 的异常尖峰。研究人员在对时域波形进行分析后，发现 GPS PRN 19 号卫星信号的 C/A 码与 P 码存在 6 m 的偏差。自此，卫星导航领域的学者开始对 GNSS

信号质量监测评估方法与技术进行了深入的研究。国外的许多科研机构为了建设有效的GNSS信号质量观测体系与完善GNSS系统，对此开展了大量的关于卫星导航信号质量监测评估领域的理论技术研究与系统工程建设。

例如，美国斯坦福大学(Stanford University)从1997年开始负责对GPS卫星的L波段信号进行监测。系统硬件设备包含可控天线与大口径抛物面天线，低噪声放大器和矢量网络分析仪器配合卫星跟踪软件进行分析，主要用于监测GPS的信号功率、码延时、一致性、卫星星座的精度衰减因子(Dilution of Precision，DOP)以及开展对信号数据信息的长期采集与分析评估工作，为用户使用安全与系统完好性提供保障。

英国奇尔波顿(Chilbolton)信号监测系统依托奇尔波顿天文台的大型抛物面天线与硬件设备(全向Galileo天线、高增益放大器、功率分配器、示波器、频谱探测设备、Galileo接收机等)进行实验卫星信号质量分析，主要监测评估的内容包括信号功率监测、载波频谱、信号调制、信号频谱带外杂散、码间一致性、信号极化、导航信息的正确性、信号质量性能评估等。

德国宇航研究院(DLR)为了对Galileo实验卫星进行评估，在2012年下半年搭建完成了用于导航卫星信号质量评估的监测站。该监测站由大口径抛物面与高增益天线对信号进行接收，以保证高质量的信号监测评估效果，配置矢量网络分析仪器与射频测量分析仪器，同时用多台GNSS监测接收机[其中包含专门进行信号质量监测的多通道接收机(SQM)]对所观测卫星进行信息采集，完成信号在线分析工作。该监测站开发了对应的监测评估软件，主要监测评估内容有信号质量评估、信号一致性、信号多相关峰监测、信号码片畸变监测、信号功率监测、导航数据有效性、信号完好性评估分析等。在之后的GPS PRN 49发射运行后，德国宇航研究院在第一时间通过L1频段的星座图发现了GPS PRN 49信号出现异常，为后期故障分析提供了有力的依据。

荷兰Noordwijk信号监测系统由欧洲航天研究技术中心(ESTEC)导航实验室建设。该信号监测系统主要用于Galileo空间信号的实验，测试导航信号在不同的电磁环境下的信号服务性能。该信号监测系统的组成与英国的奇尔波顿信号监测系统的组成类似，其系统组成包含示波器、频谱分析仪器等设备，同时增加了卫星信号模拟器与抗多径全向接收天线作为一套用于测试的闭环信号分析与评估系统。该信号监测系统主要进行信号伪码时域波形与码速率、伪码一致性、卫星多普勒频域、信号调制星座图、伪码码相位与载波相位误差、电文误码率、码片-载波一致性、信号载噪比、卫星频段是否存在互相干扰等特性监测分析评估。

在许多科研人员对信号质量评估的不断研究积累下，国外的导航学会(ION)等在卫星导航国际会议上也专门设立了有关GNSS信号质量评估的专栏。到目前为止，已有的国外对信号质量评估系统情况的研究、对信号质量分析的关键性要素总结，以及对评估方法的提出与效果已经具备了一定的研究成果。

我国的信号质量评估研究工作虽然起步比较晚，但是随着北斗系统的建设，从北斗二代开始到现在的北斗三代全球覆盖，已经有多所机构和高校在进行信号质量领域的研究建设工作。目前，我国主要研究卫星信号质量监测的单位机构包括中国科学院国家授时中心、卫星导航定位总站、国防科学技术大学、中国卫星导航工程中心、中国电子科技集团第54所、中国电子科技集团第22所等。目前，国内针对信号质量评估的研究与建设仍然在不断地向前发展，卫星导航作为新一代发展的信息融合技术，如何使得信号质量监测评估技术保障卫星导航信号在各个电磁复杂环境下安全稳定地运行，同时分析出系统缺陷，不断完善系统，这是一个世界共同面对的难点与问题，也是一个急需进行研究突破的方向。

中国科学院国家授时中心空间信号质量评估系统主要由高增益天线、射频分析与标准测试仪器、高速射频采集卡与数据存储服务区设备、硬件接收机组成。该系统具有实时分析与事后处理能力，分析软件可对数据进行事后处理分析，对接收的空间信号进行信号频谱、信号接收功率、信号带宽、时域码片、信号调制眼图与星空图、信号自相关峰特性分析。该系统还具有多台接收机，可利用输出的原始观测量进行信号的一致性分析评估。同时，该中心的质量监测评估系统利用离线分析软件为北斗 GEO－2 号卫星长码跳变问题的解决提供了支持，之后当北斗系统出现异常时，均完整地保存了记录，为相关部门对北斗系统排除卫星故障做出了重要贡献。

国防科学技术大学的导航信号监测系统组成包括天线接收与天线伺服装置、射频处理、基带信号处理与数据采集回放设备、时频同步设备、信号质量分析软件等。天线接收分为全向天线与高增益天线，与天线伺服装置搭配，可实现对卫星信号监测的粗略空间信号可见检测与精准实时跟踪检测。射频处理设备可实现直接采集或对信号的下变频直接射频采集，处理采样率要求高，但是可以保证高质量地复原信号，对信号进行变频可以降低导航信号处理速率要求，将导航信号处理为软件可处理的低频信号，但是不利于分析信号造成的畸变。信号在经过射频处理和数据采集保存后，进行基带信号处理，分析软件可进行信号层面的分析评估。

目前，信号质量评估工作能够使在各种干扰情况下的通信系统在实验与应用过程中，为研发设计提供可靠且有力的闭环反馈回路数据。这不但是构建系统和时空信息服务体系的重要保障，同时也符合实际的工程需要，对通信系统后续的工作与建设发展具有重要意义和长远价值。

近几年来，由于导航系统服务于社会经济各个领域，在行业的应用中，也出现了一些突发性的安全故障，虽然通信系统中故障出现的概率极低，但是对社会国民经济与安全造成的威胁极大。同时，为了通信系统性能进一步的完善与未来体制设计上的论证，国内外科研与系统管理机构也十分重视对信号质量的评估工作，不断地推动和开展与信号质量技术研究有关的工作。

1.3 各章节安排

本书分为 8 章，主要内容如下：

第 1 章：绪论。本章主要介绍信号质量评估研究与实现的背景和意义、目前国内外在质量评估方面的研究现状，以及本书各个章节的主要内容。信号质量评估方法与技术主要从通信系统性能评估、空间信号质量评估、各个导航信息评估、导航服务性能评估等多个维度进行，进而对信号进行判断，得出信号评估结果。

第 2 章：信号参数分析。本章主要介绍信号的基本概念以及重要参数概念，为读者介绍信号的基本概念以及相应的分类。

第 3 章：信道参数分析。本章主要介绍信道的定义、分类、数学模型以及信道容量等概念,并且进一步解释信道中噪声的来源、分类以及统计特性;之后又讲述信道编码,其中包括信道编码的基本概念、判决与译码规则;为提高传输可靠性,找到最佳判决与译码规则,还介绍费诺不等式、有噪声信道编码以及纠错编码技术,从而进一步介绍线性分组码的编译码方法、实用的几种线性分组码和卷积码的简单知识,为后面第 5 章从信道角度来评估一个通信系统的方法做铺垫。

第 4 章:信号的评估及其评估参数。本章分别从评估参数、兼容性、时域、频域、调制域、相关域和一致域介绍通信系统中传输的信号质量评估参数和方法,详细介绍评估指标的推导过程、评估指标的计算方法以及相应计算方法的精度分析。

第 5 章:信道的评估及其评估参数。本章主要从通信信道中的时延扩展、相干带宽、多普勒扩展、相干时间、衰落特征等角度进行分析。同时,考虑到通信天气情况的差异也会影响通信信道的好坏,以 Ka 频段卫星通信信道为例,重点分析降雨对卫星通信性能的影响,此外还有大气吸收特性、云致衰减特性以及大气闪烁特性等因素。

第 6 章:GNSS 信号的质量评估。这是一个从时域、频域、相关域、调制域、一致域等多层次、多角度进行评价的指标体系。该指标体系既可以考察信号码片畸变的特征,又可以分析信号的频域特性;不仅能够评估复合信号质量,还可以监测单路信号的性能。该指标体系合理、完整,能够满足现有 GNSS 信号质量评估的要求。

第 7 章:无线电搜救信号的质量评估。针对导航搜救这一场景下对通信系统中传输的信号质量进行评估,本章从时域和频域等多维度来对无线电搜救信号进行质量评估。随着无线电技术的快速发展,利用无线电进行信号传递的设备和用户越来越多,这就导致无线电波的干扰也越来越多,给监测工作带来了更多的工作量,无线电信号的质量评估因此也就相应地提上了日程。

第 8 章:信号质量评估的可视化分析。本章通过可视化分析方式直观地展现评估结果,使读者更为清晰、直观地了解信号。本章依据第 6 章和第 7 章给出的现代通信信号调制信号生成方法和信号畸变模型设计了信号评估软件,并从信号的捕获跟踪性能、功率谱特性、时域特性、调制域特性、相关域特性及一致域特性等方面对真实的通信信号进行分析与评估。

1.4 本章小结

本章主要向读者介绍了质量评估的概念和意义。质量评估作为研究通信系统的重要手段,需要给予高度的重视。在接下来的章节中,将会从最基本的信号信道参数概念开始介绍,随后引入信号和信道质量评估的概念,最后通过两个具体的实例和可视化分析结果来给读者进行全面、完整、直观的信号质量评估分析。

1.5 思考题

1. 什么是信号的质量评估?
2. 为什么需要对信号进行质量评估?
3. 可以通过哪些维度来对信号进行分析?
4. 国内外在质量评估分析研究上呈现什么趋势?

第2章　信号参数分析

2.1　引　　言

信号是将数据从一个系统或网络传输到另一个系统或网络的电磁或电流。在电子设备中，信号通常是随时间变化的电压，也是携带信息的电磁波，当然也可以是电流等其他形式。电子设备中使用的信号主要有两种类型，即模拟信号和数字信号。本章将讨论模拟信号与数字信号的特性、用途以及优缺点。

2.2　信号的基本概念

信号是信息的载体，通常是以某种物理量表现出来的。通信技术不同，采用的传输信号形式就不同。信号的特性是指其必须是可变化、可观测和可实现的某种物理量。

和其他物理量类似，信号的表现形式很多，通常按照以下几种方法进行分类。

1.按信号形式分类

按照信号形式的不同，信号可分为电信号和光信号。电信号是指以电压、电流、电磁波等为载体的信号。光信号是指利用光线的强弱变化和有光/无光作为载体的信号。光波实际上也是一种电磁波，因此，人们在研究通信技术时，就以电信号为研究对象，所得结论同样适用于光通信。

2.按调制方式分类

按照信号是否经过调制，信号可分为基带信号和频带信号。

(1)基带信号。其是指信号频谱未经搬移的基本频带信号，即直接携带信息、能够直接传输的信号。

(2)频带信号。其是指信号频谱经过搬移的信号，即经过调制的信号。也就是说，将有用信号调制到另一载波上的信号。

基带信号由于信号未经调制，所以可以直接发送和接收；而频带信号在发送端将基带信号调制到载波上，使得载波的某一参量随传输信号的变化而变化，接收端则要对其接收的信号进行解调，以便从载波信号中恢复出原始信号。

3.按传输方式分类

按照信号传输时采用的介质不同，信号可分为有线信号和无线信号。有线信号即在有线信道上传输的信号。无线信号即在无线信道上传输的信号。由于采用的传输信道不同，所以对信号的处理和转换方法也就不同。

4.按信号特点分类

依据信号变化是否具有周期性，信号可分为周期信号和非周期信号。周期信号即按照一定周期重复出现的信号，如正弦信号。非周期信号即不满足周期信号特征的所有信号。

5.按信号变化分类

依据信号变化是否具有规律性，信号可分为确定信号和随机信号。确定信号即信号某些参量具有一定规律性，按照其规律可以预测信号的变化，如正弦信号。随机信号即信号变化是随机的，没有任何规律，如语音信号。当然，从严格意义上讲，人们要传输的信号都是随机信号，否则，传输信号就没有意义了。

6.按信号特征分类

依据信号幅值是否连续，信号可分为模拟信号和数字信号。电信号一般分为模拟信号和数字信号。处理模拟信号的电子电路称为模拟电路，处理数字信号的电子电路称为数字电路或逻辑电路。

模拟电路主要包括放大电路、运算电路、信号发生电路、滤波电路、直流电源等。放大电路主要完成信号的电压、电流或功率放大。放大电路是模拟电路的基础。运算电路主要完成信号的加、减、乘、除、积分、微分、对数、指数等运算。信号发生电路主要用于产生正弦波、矩形波、三角波、锯齿波等。滤波电路用于保留信号中的有用频率成分，抑制其他频率成分。

数字电路主要研究数字信号的存储、变换、测量等内容，主要包括门电路、组合数字电路、触发器、时序数字电路、半导体存储器、可编程逻辑器件、模/数和数/模转换电路等。

在模拟电路中，晶体管均工作在放大区；在数字电路中，晶体管均工作在饱和区或截止区，工作在开关状态。与模拟电路相比，数字电路体积小、便于集成。模拟电路抗干扰能力较弱，数字电路抗干扰能力较强。

由于人们研究的主要是电信号，所以本章也着重介绍模拟信号和数字信号。

2.3 模拟信号

模拟信号会随时间变化，而且通常被限制在一个范围(如－12～12 V)内，但在这个连续的范围内，它会有无限多个值。模拟信号使用介质的给定属性来传递信号信息，如通过电线来传递电流。在电信号中，用信号的不同电压、电流或频率来表达信息。模拟信号通常用于反映光线、声音、温度、位置、压力或其他物理现象的变化。

1875 年，贝尔发现电流的强弱可以模拟声音大小的变化，由此想到了利用电流来传送声音，故发明了电话。最简单的有线电话通信系统如图 2－1 所示，主要由话筒、听筒及二者之间的电话线组成。

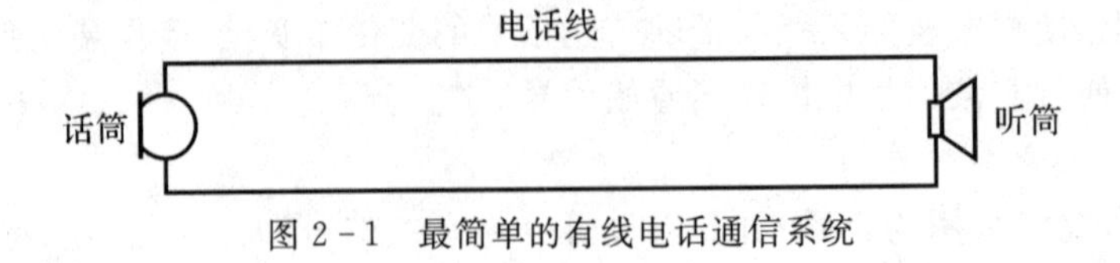

图 2－1　最简单的有线电话通信系统

有线电话通信需要架设很长的电话线路，部署起来很不方便。1887年，赫兹通过试验证实了电磁波的存在。马可尼受赫兹电磁波试验的启发，于1894年开始进行无线电通信试验，并于1896年发明了无线电报，于1899年首次完成了英国与法国之间国际性的无线电通话。无线电通信系统如图2-2所示，主要由话筒、模拟调制器、发射天线、接收天线、模拟解调器和听筒组成。

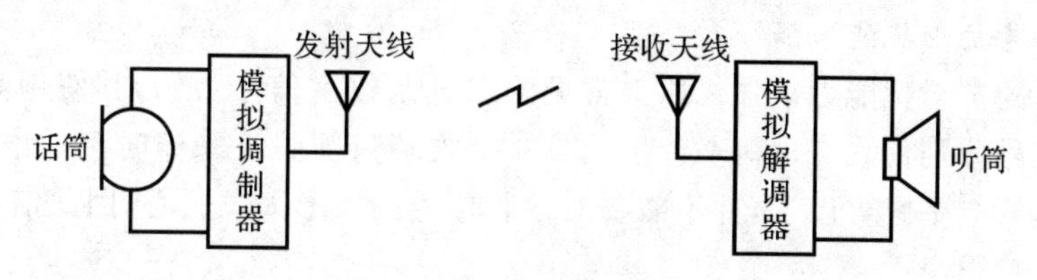

图2-2　无线电通信系统

最初的通信系统是用模拟电路实现的，其中传输的信号都是模拟信号，因此被称为模拟通信系统。

模拟信号存在一个缺点，那就是抗干扰能力差，很容易在传输的过程中因受到干扰而产生失真。假定从话筒输出一个音频信号，其波形如图2-3所示。

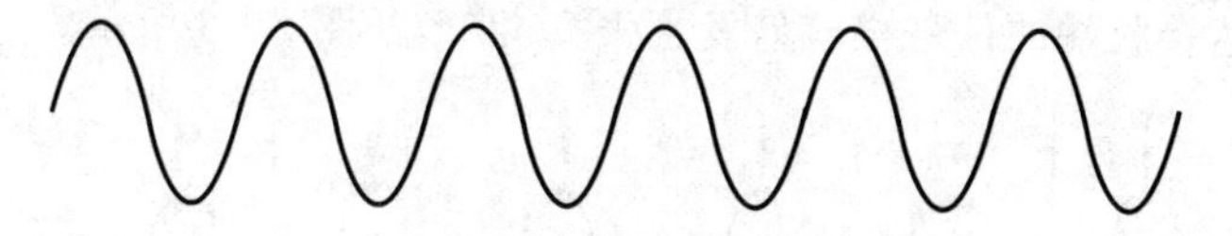

图2-3　话筒输出的音频信号波形

信号经过传输到达听筒，波形很容易发生失真，如图2-4所示。

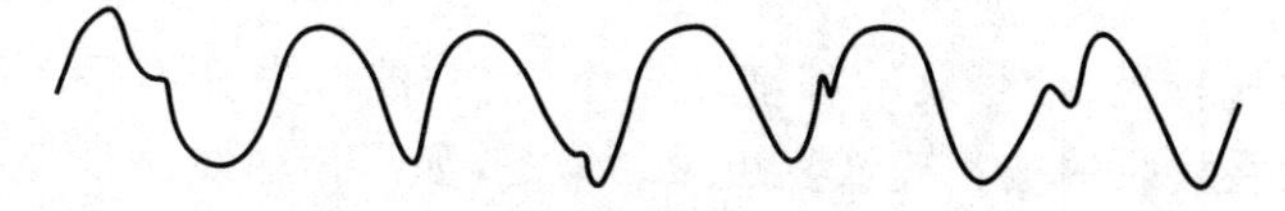

图2-4　信号波形经传输发生失真

2.4　数字信号

数字信号是离散时间信号的数字化表示，通常可由模拟信号获得。

模拟信号是一组随时间改变的数据，如某地方的温度、车辆在行驶过程中的速度或电路中某节点的电压幅度等。有些模拟信号可以用数字函数来表示，其中时间是自变量，而信号本身则是因变量。离散时间信号是模拟信号的采样结果，即离散信号的取值只在某些固定的时间点有意义，而不像模拟信号那样在时间轴上具有连续不断的取值。

若离散时间信号在各个采样点上的取值只是原来模拟信号取值(可能需要无限长的数字来表示)的一个近似，那么就可以用有限字长(字长长度因应近似的精确程度而有所不同)来表示所有的采样点取值，这样的离散时间信号称为数字信号。将一组精确测量的数值用有限字长的数值来表示的过程称为量化。从概念上讲，数字信号是量化的离散时间信号，而离散时间信号则是已经采样的模拟信号。

随着电子技术的飞速发展，数字信号的应用也日益广泛。很多现代的媒体处理工具，尤其是需要和计算机相连的仪器都从原来的模拟信号表示方式改为数字信号表示方式。人们日常常见的例子包括手机、视频播放器、音频播放器和数字相机等。

一般情况下，数字信号是以二进制数字表示的，因此信号的量化精度一般以比特来衡量。相对于模拟信号，数字信号有以下很多优点。

1.数字信号抗干扰能力强

数字信号的抗干扰能力很强。以最常见的二进制数字信号为例，其使用高电平和低电平两种电平信号分别代表二进制数字 0 和 1。接收端只须关注采样时刻的电平值，能够区分出高电平和低电平就可以了，并不需要对接收信号的波形太过关心，因此信号波形失真对数字信号的影响很小。

假定发送端发出一串二进制数字 010101…，其波形如图 2-5 所示。

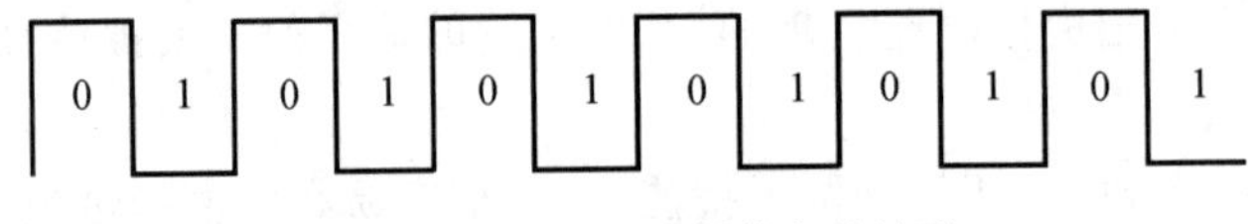

图 2-5　一串二进制数字的波形

经过传输到达接收端的信号很容易发生失真，波形如图 2-6 所示。

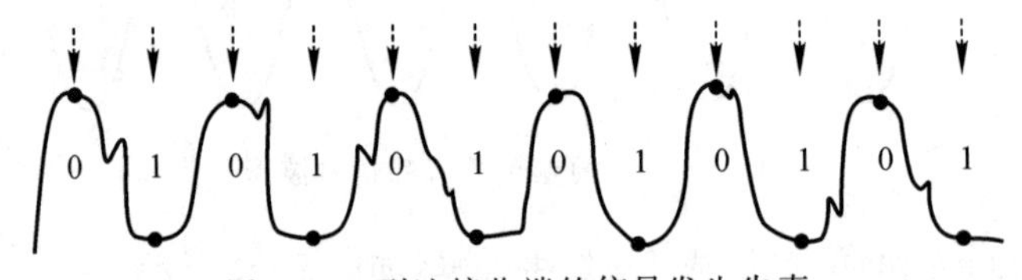

图 2-6　到达接收端的信号发生失真

只要传输线路比较短，信号衰减程度比较小，信号波形失真不是太严重，二进制数字 010101…就很容易在接收端被正确恢复出来。但是，如果传输线路很长，信号衰减程度很大，信号到达接收端时波形失真将会变得较为严重，二进制数字也就很难被正确恢复出来。这时，可以在信号衰减到一定程度、波形失真还不是很严重时插入数字中继器，对数字信号进行放大，恢复理想脉冲波形，再转发出去即可，这就是数字信号的再生，如图 2-7 所示。

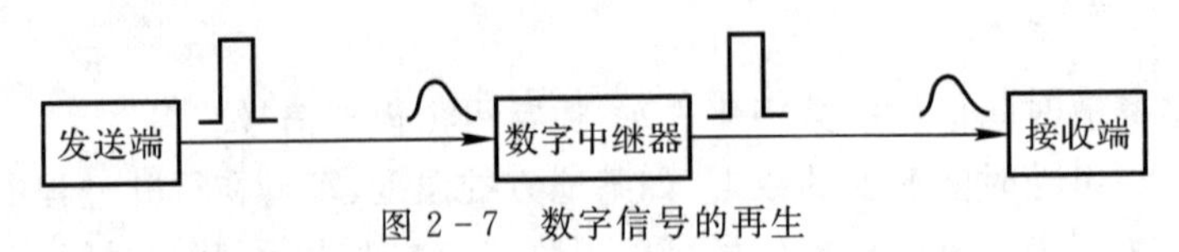

图 2-7　数字信号的再生

由此可见，数字信号通过再生很容易实现远距离传输。这时也可以提出一种假设：模拟信号也可以采用类似的方法来实现远距离传输，只要中途对模拟信号进行放大即可，如图 2-8 所示。

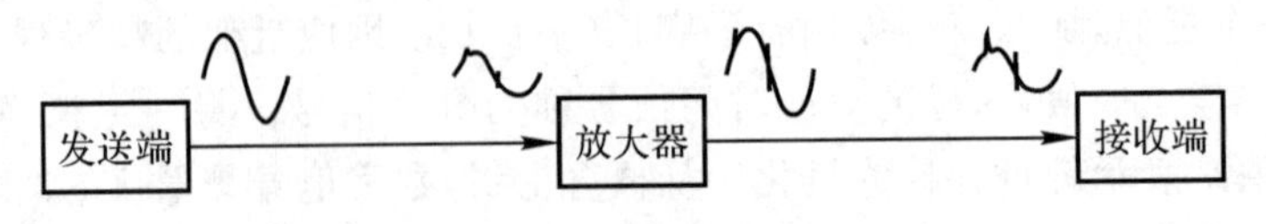

图 2-8　模拟信号的远距离传输

这里实际上存在一个问题：对模拟信号进行放大的同时，叠加在里面的噪声也会被放大，而且累积的噪声会随着传输距离的增加而越来越多，信号质量会越来越差。而数字信号则不同，通过数字中继器放大，可以恢复出理想脉冲波形，叠加在脉冲信号上的噪声不会被累积。

2. 数字信号便于复用传输

数字信号还便于实现多路信号的复用传输。以 4 路信号的并行传输为例，如图 2－9 所示，4 路信号只要按时间错开、轮流占用传输线路，即可实现 4 路信号的复用传输。

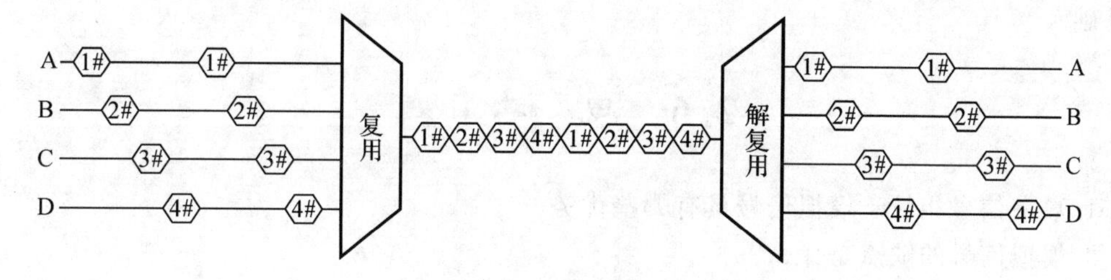

图 2－9　4 路信号的复用传输

3. 数字信号便于加密

数字信号便于进行加密和解密。对称加密是一种很常见的加密算法，其工作原理如图 2－10 所示。

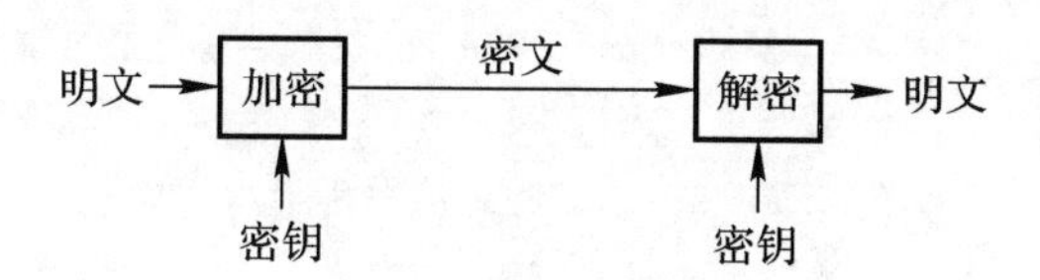

图 2－10　对称加密的工作原理

(1)加密：发送方将明文和加密密钥一起经过特殊加密算法处理后，使其变成复杂的加密密文发送出去。

(2)解密：接收方收到密文后，使用相同的密钥及相同算法的逆算法对密文进行解密，将明文恢复出来。

正是由于数字信号具有上述诸多优点，所以数字信号开始在通信系统中得到应用，模拟通信系统逐渐演变为数字通信系统。

采用了数字通信技术的电话通信系统如图 2－11 所示。

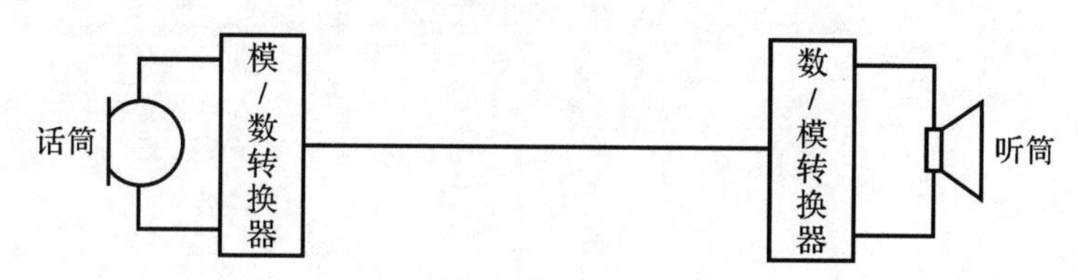

图 2－11　采用数字通信技术的电话通信系统

相对于有线模拟电话通信系统，数字电话通信系统在发送端增加了模/数转换器，用于将模拟语音信号转换成数字信号；在接收端增加了数/模转换器，用于将数字信号转换回模拟语音信号。

2.5 本章小结

本章主要向读者介绍了信号的基本概念和分类，其中重点介绍了后面应用到的数字信号，并将数字信号与模拟信号进行了对比，分析了数字信号的优势所在。通过对信号及其参数的介绍，人们能够更深入地了解信号，这也为后续研究信道以及信号信道的质量评估打下了基础。

2.6 思考题

1. 数字信号相较于模拟信号具有哪些优势？
2. 模拟信号的缺点是什么？
3. 数字通信系统的结构是什么样的？
4. 数字信号是如何实现加密的？

第3章　信道参数分析

3.1　信道的基本概念

一般通信系统均可以看成由发送端、信道和接收端三个部分组成，如图3-1所示。其中信道即信号传输的通道，是通信系统不可缺少的部分，信道特性会直接影响整个通信系统的通信质量。本章接下来会从信道的基本概念、定义、分类，常见信道模型，噪声以及信道编码等方面进行详细介绍。

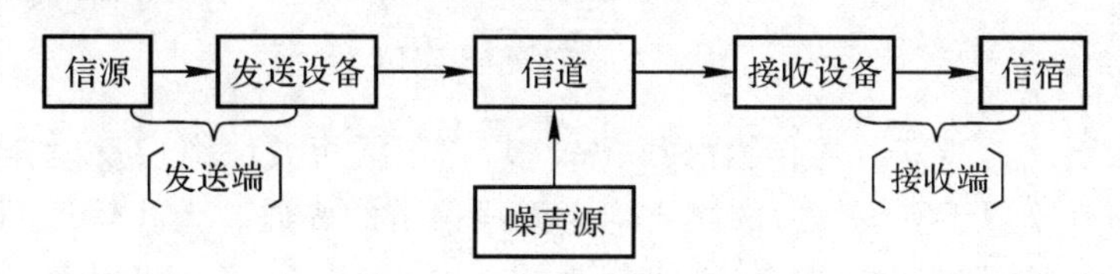

图3-1　一般通信系统组成

3.1.1　信道的定义

信道，通俗地说，是指以传输媒质为基础的信号通路。具体地说，信道是指由有线或无线电线路提供的信号通路。信道的作用是传输信号，它提供一段频带让信号通过，同时又给信号加以限制和损害。

通常，将仅指信号传输媒介的信道称为狭义信道。目前采用的传输媒介有架空明线、电缆、光导纤维（光缆）、中长波地表波传播、超短波及微波视距传播（含卫星中继）、短波电离层反射、超短波流星余迹散射、对流层散射、电离层散射、超短波超视距绕射、波导传播、光波视距传播等。可以看出，狭义信道是指接在发送端设备和接收端设备中间的传输媒介（以上所列）。狭义信道的定义直观，易理解。在通信原理的分析中，从研究消息传输的观点看，人们所关心的只是通信系统中的基本问题，因此，信道的范围还可以扩大。它除包括传输媒介外，还可能包括有关的转换器，如馈线、天线、调制器、解调器等。通常将这种扩大了范围的信道称为广义信道。

在讨论通信的一般原理时，通常采用的是广义信道。为了进一步理解信道的概念，下面对信道进行分类。

3.1.2 信道的分类

根据定义,信道大体可分为两大类,即狭义信道和广义信道。

1. 狭义信道

狭义信道通常按具体媒介的不同类型可分为有线信道和无线信道。

(1)有线信道。所谓有线信道是指传输媒介为明线、对称电缆、同轴电缆、光缆及波导等一类能够看得见的媒介。有线信道是现代通信网中最常用的信道之一,如对称电缆(又称电话电缆)广泛应用于(市内)近程传输,如图 3-2 所示。

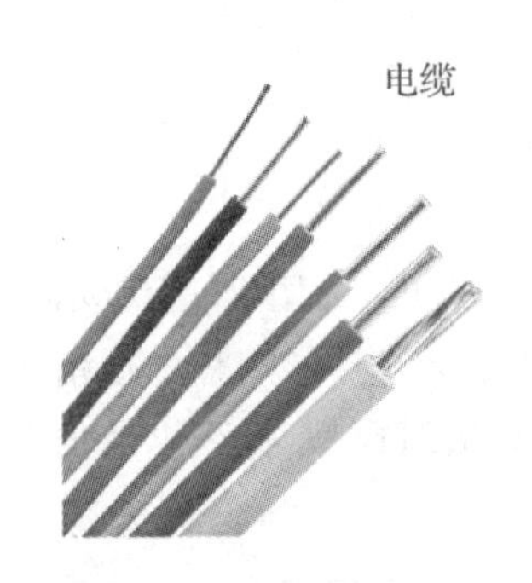

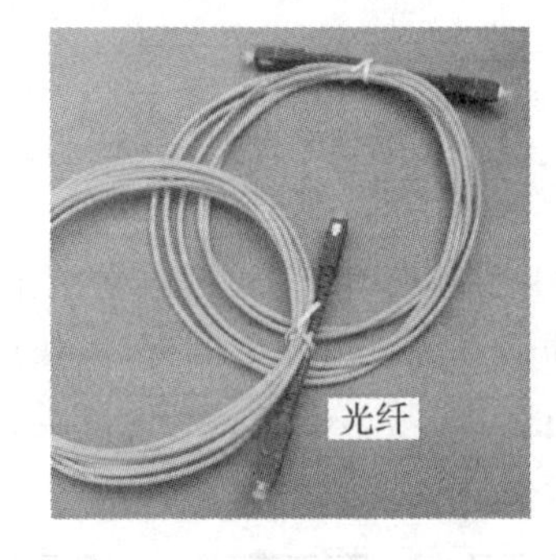

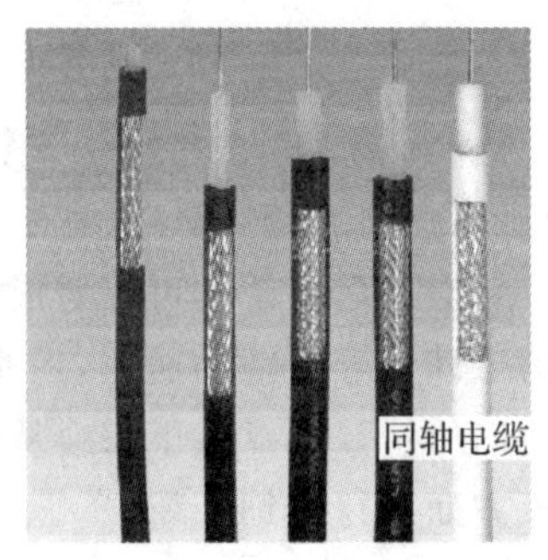

图 3-2　有线信道实例

(2)无线信道。无线信道的传输媒质比较多,它包括短波电离层反射、对流层散射等。可以这样认为,凡不属于有线信道的媒质均为无线信道的媒质。无线信道的传输特性没有有线信道的传输特性稳定和可靠,但无线信道具有方便、灵活、通信者可移动等优点。卫星无线信道示意图如图 3-3 所示。

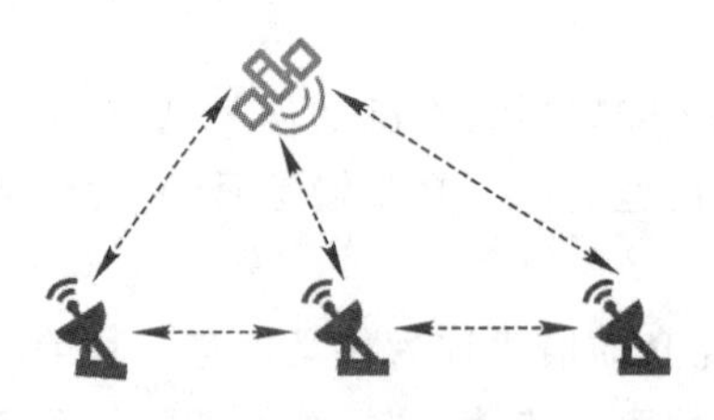

图 3-3　卫星无线信道示意图

2. 广义信道

广义信道通常也可分成两种,即调制信道和编码信道。

(1)调制信道。调制信道是从研究调制与解调的基本问题出发而构成的,它的范围是从调制器输出端到解调器输入端,如图 3-4 所示。因为从调制和解调的角度来看,人们只关心调制器输出的信号形式和解调器输入信号与噪声的最终特性,并不关心信号的中间变化过程,所以定义调制信道对于研究调制与解调问题是方便和恰当的。

(2)编码信道。在数字通信系统中,如果仅着眼于编码和译码问题,则可得到另一种广义信道——编码信道。这是因为,从编码和译码的角度看,编码器的输出仍是某一数学序列，译码器的输入同样也是一个数字序列，它们在一般情况下应该是相同的数字序列。因此，从编码器输出端到译码器输入端的所有转换器及传输媒质可用一个完成数字序列变换的方框加以概括，此方框称为编码信道。编码信道示意图如图3-4所示。

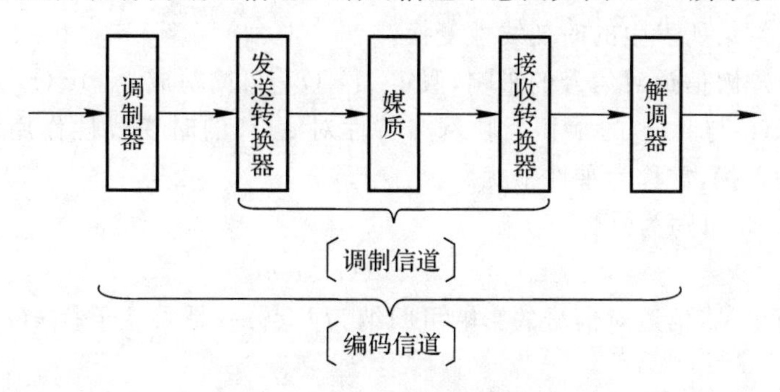

图3-4　调制信道和编码信道

3.1.3　信道的数学模型

为了分析信道的一般特性及其对信号传输的影响，人们在信道定义的基础上，引入调制信道和编码信道的数学模型。

1. 调制信道模型

在频带传输系统中，调制器输出的已调信号即被送入调制信道。对于研究调制预期而言，可以不管调制信道究竟包括了什么样的变换器，也不管选用了什么样的传输媒质，产生了怎样的传输过程，人们只需关心已调信号通过调制信道后的最终结果，即只需关心输出信号与输入信号之间的关系。

通过对调制信道进行大量的分析研究，发现它们有如下共性：

(1)有一对(或多对)输入端和一对(或多对)输出端；

(2)绝大部分信道都是线性的，即满足叠加原理；

(3)信号通过信道具有一定的迟延时间(固定迟延或时变迟延)；

(4)信道对信号有损耗(固定损耗或时变损耗)；

(5)即使没有信号输入，在信道的输出端仍可能有一定的功率输出(噪声)。

根据上述共性，可用一个二对端(或多对端)的时变线性网络来表示调制信道。这个网络就称为调制信道模型，如图3-5所示。

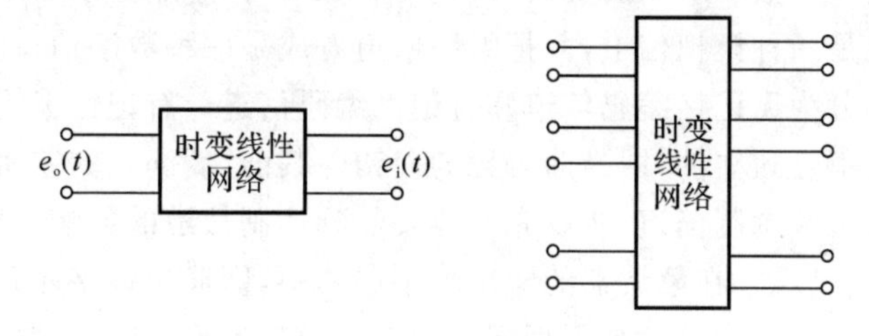

图3-5　调制信道模型

对于二对端的信道模型来说，其输出与输入之间的关系可表示为

$$e_o(t) = f[e_i(t)] + n(t) \tag{3-1}$$

式中：$e_i(t)$为输入的已调信号；$e_o(t)$为已调信道总输出波形；$n(t)$为信道噪声（或称信道干扰），与$e_i(t)$无依赖关系，或者说$n(t)$独立于$e_i(t)$，常称$n(t)$为加性干扰（噪声）；$f[e_i(t)]$表示已调信号通过网络所发生的时变线性变换。

为了进一步理解信道对信号的影响，假定$f[e_i(t)]$可简写成$k(t)e_i(t)$。其中，$k(t)$依赖于网络的特性，$k(t)$与$e_i(t)$的乘积反映网络特性对$e_i(t)$的时变线性作用。$k(t)$的存在对$e_i(t)$来说是一种干扰，常称为乘性干扰。

于是，式(3-1)可写为

$$e_o(t) = k(t)e_i(t) + n(t) \tag{3-2}$$

由以上分析可见，信道对信号的影响可归纳为两点：一是乘性干扰$k(t)$；二是加性干扰$n(t)$。

如果了解了$k(t)$和$n(t)$的特性，则信道对信号的具体影响就能确定。不同特性的信道，仅反映信道模型有不同的$k(t)$及$n(t)$。

人们期望的信道（理想信道）应满足$k(t)$常数，$n(t)=0$，即

$$e_o(t) = ke_i(t) \tag{3-3}$$

实际上，乘性干扰$k(t)$一般是一个复杂函数，它可能包括各种线性畸变、非线性畸变。同时由于信道的迟延特性和损耗特性随时间作随机变化，所以$k(t)$往往只能用随机过程加以表述。不过，经大量观察表明，有些信道的$k(t)$基本不随时间变化，也就是说，信道对信号的影响是固定的或变化极为缓慢的，而有的信道却不然，它们的$k(t)$是随机且快速变化的。因此，在分析研究乘性干扰$k(t)$时，可以把调制信道粗略地分为两大类：一类称为恒参信道（恒定参数信道），即它们的$k(t)$可看成不随时间变化或变化极为缓慢；另一类则称为随参信道（随机参数信道，或称变参信道），它是非恒参信道的统称，其$k(t)$是随时间随机快速变化的。

通常，把前面所列的架空明线、电缆、波导、中长波地波传播、超短波及微波视距传播、卫星、光导纤维以及光波视距传播等传输媒质构成的信道称为恒参信道，其他媒质构成的信道称为随参信道。

2. 编码信道模型

编码信道是包括调制信道及调制器、解调器在内的信道。它与调制信道模型有明显的不同，即调制信道对信号的影响是通过$k(t)$使调制信号和$n(t)$发生模拟变化，而编码信道对信号的影响则是一种数字序列的变换，即把一种数字序列变成另一种数字序列。因此有时把调制信道看成是一种模拟信道，而把编码信道看成是一种数字信道。

编码信道可细分为无记忆编码信道和有记忆编码信道。有记忆编码信道是指信道中码元发生差错的事件不是独立的，即当前码元的差错与其前、后码元的差错是有联系的。

由于编码信道包含调制信道，所以它同样要受到调制信道的影响。但是，从编码和译码的角度看，这个影响已反映在解调器的输出数字序列中，即输出数字序列以某种概率发生差错。显然，调制信道越差，即特性越不理想和加性噪声越严重，则发生错误的概率就会越大。因此，编码信道的模型可用数字信号的转移概率来描述。例如，最常见的二进制数字传输系统的一种简单的编码信道模型如图3-6所示。之所以说这个模型是简单的，是因为在这里

假设解调器每个输出码元的差错发生是相互独立的，用编码的术语来说，这种信道是无记忆的。在这个模型里，把 $P(0/0)$、$P(1/0)$、$P(0/1)$、$P(1/1)$称为信道转移概率。以 $P(1/0)$为例，其含义是“经信道传输，把 0 转移为 1”。具体地，$P(0/0)$和 $P(1/1)$称为正确转移概率，$P(1/0)$和 $P(0/1)$称为错误转移概率。根据概率性质可得

$$\left.\begin{aligned} P(0/0)+P(1/0)=1 \\ P(1/1)+P(0/1)=1 \end{aligned}\right\} \tag{3-4}$$

转移概率完全由编码信道的特性决定，一个特定的编码信道就会有相应确定的转移概率。应该指出，编码信道的转移概率一般需要对实际编码信道做大量的统计分析才能得到。二进制编码信道输出的总误码率为

$$P_e = P(0)P(1/0) + P(1)P(0/1) \tag{3-5}$$

由无记忆二进制编码信道模型容易推出无记忆多进制的模型。四进制时无记忆编码信道模型如图 3-6 所示。

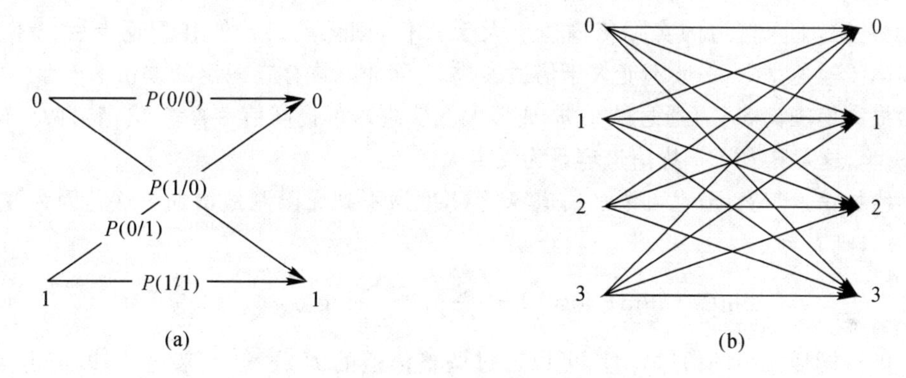

图 3-6　二进制和四进制编码信道模型

(a)二进制模型；(b)四进制模型

3.1.4　信道的容量

当一个信道受到加性高斯噪声的干扰时，如果信道传输信号的功率和信道的带宽受限，则这种信道传输数据的能力将会如何？这一问题，在信息论中有一个非常肯定的结论——关于信道容量的香农(Shannon)公式。本节介绍信道容量的概念及香农公式。

1. 信道容量的定义

在信息论中，称信道无差错传输信息的最大传输速率为信道容量。

从信息论的观点来看，各种信道可概括为两大类，即离散信道和连续信道。离散信道就是输入与输出信号都是取值离散的时间函数；而连续信道是指输入和输出信号都是取值连续的时间函数。可以看出，前者就是广义信道中的编码信道，后者则是调制信道。

从说明概念的角度考虑，一般只讨论工程中常用的连续信道的信道容量。

2. 香农公式

假设连续信道的加性高斯带限白噪声功率为 N(W)，信道的带宽为 B(Hz)，信号功率为 S(W)，则该信道的信道容量 C(b/s)为

$$C = B\log_2\left(1+\frac{S}{N}\right) \tag{3-6}$$

这就是信息论中具有重要意义的香农公式,它表明了当信号与作用在信道上的起伏噪声的平均功率给定时,具有一定频带宽度 B 的信道上,理论上单位时间内可能传输的信息量的极限数值。由于噪声功率 N 与信道带宽 B 有关,故若噪声单边功率谱密度为 n_0(W/Hz),则噪声功率 $N=n_0B$。因此,香农公式的另一种表达形式为

$$C = B\log_2\left(1+\frac{S}{n_0B}\right) \tag{3-7}$$

由式(3-7)可见,一个连续信道的信道容量受 B、n_0、S 三个要素限制,只要这三个要素确定,信道容量也就随之确定。

3. 关于香农公式的几点讨论

从香农公式中可得出以下重要结论:

(1)在给定 B、S/N 的情况下,信道的极限传输能力为 C,而且此时能够做到无差错传输。也就是说,如果信道的实际传输速率大于 C 值,则无差错传输在理论上就已不可能。因此,实际传输速率 R,一般不能大于信道容量 C,除非允许存在一定的差错率。

(2)提高信噪比 S/N(通过减小 n_0 或增大 S 实现),可提高信道容量 C。特别是,若 $n_0\to 0$,则 $C\to\infty$,这意味着无干扰信道容量为无穷大。

(3)增加信道带宽 B,也可增加信道容量 C,但做不到无限制地增加。这是因为,如果 S 和 n_0 一定,则有

$$\lim_{B\to\infty}C = \lim_{B\to\infty}B\log_2\left(1+\frac{S}{n_0B}\right)=\frac{S}{n_0}\log_2 e\approx 1.44\,\frac{S}{n_0} \tag{3-8}$$

(4)维持同样大小的信道容量,可以通过调整信道的 B 及 S/N 来达到,即信道容量可以通过系统带宽与信噪比的互换而保持不变。例如,如果 $S/N=7$,$B=4\ 000$ Hz,则可得 $C=12\ 000$ b/s;但是,如果 $S/N=15$,$B=3\ 000$ Hz,则可得到同样的 C 值。这就提示我们,为达到某个实际传输速率,在系统设计中可以利用香农公式中的互换原理,确定合适的系统带宽和信噪比。

通常,把实现了极限信息速率传送(即达到信道容量值)且能做到任意小差错率的通信系统,称为理想通信系统。香农只证明了理想通信系统的存在性,却没有指出具体的实现方法。但这并不影响香农定理在通信系统理论分析和工程实践中所起的重要指导作用。

3.2 信道的噪声

前面已经指出,调制信道对信号的影响除乘性干扰外,还有加性干扰(即加性噪声)。加性噪声独立于有用信号,但它却始终存在,干扰着有用信号,因此不可避免地对通信造成危害。

下面介绍信道中的加性噪声,内容包括噪声的来源及其分类,以及噪声的统计特性等。

3.2.1 噪声来源及其分类

信道中加性噪声的来源有很多,它们表现的形式也多种多样。根据来源不同,它们一般

可以粗略地分为以下4类：

(1)无线电噪声。它来源于各种用途的多台无线电发射机。这类噪声的频率范围很宽广，从甚低频到特高频都可能有无线电干扰存在，并且干扰的强度有时很大。不过这类干扰有一个特点，就是干扰频率是固定的，因此可以预先设法防止或避开。特别是在加强了无线电频率的管理工作后，在频率的稳定性、准确性以及谐波辐射等方面都有严格的规定，使得信道内信号受它的影响可减到最低程度。

(2)工业噪声。它来源于各种电气设备，如电力线、点火系统、高频电护等，这类干扰来源分布很广泛，无论是城市还是农村、内地还是边疆，都有工业干扰存在。尤其是在现代化社会里，各种电气设备越来越多，因此这类干扰的强度也越来越大，但它也有一个特点，就是干扰频谱集中在较低的频率范围内，如几十兆赫以内，因此，选择高于这个频段工作的信道就可防止受到它的干扰，另外，也可以在干扰源方面设法清除或减小干扰的产生，如加强屏蔽和滤波措施，防止接触不良和消除波形失真。

(3)天电噪声。它来源于闪电、大气中的磁暴、太阳黑子以及宇宙射线(天体辐射波)等，可以说整个宇宙空间都是产生这类噪声的根源。由于这类自然现象和发生的时间、季节、地区等关系很大，所以受天电干扰的影响也是大小不同的，例如，夏季比冬季严重，赤道比两极严重，在太阳黑子发生变动的年份天电干扰会加剧，这类干扰所占的频谱范围很宽，并且不像无线电干扰那样频率是固定的，因此它所产生的干扰很难防止。

(4)内部噪声。它来源于信道本身所包含的各种电子器件、转换器以及天线或传输线等。例如，电阻及各种导体都会在分子热运动的影响下产生热噪声，电子管或晶体管等电子器件会由于电子发射不均匀等产生散弹噪声，这是无数个自由电子做不规则运动产生的，所以它的波形也是不规则变化的，在示波器上观察就像一堆杂乱无章的茅草一样，通常称为起伏噪声。由于在数学上可以用随机过程来描述这类干扰，所以又可称为随机噪声。

以上是从噪声的来源来分类的，优点是比较直观。但是，从防止或减小噪声对信号传输影响的角度考虑，按噪声的性质进行分类会更为有利。

从性质来区分，噪声可以分为以下几类：

(1)单频噪声。它主要指无线电干扰，因为电台发射的频谱集中在比较窄的频率范围内，所以可以近似地看作是单频性质的，另外，像电源交流电、反馈系统自激振荡等也都属于单频干扰。它的特点是一种连续波干扰，并且其频率是可以通过实测来确定的，因此在采取适当的措施后就有可能防止。

(2)脉冲干扰。它包括工业干扰中的电火花、断续电流以及天电干扰中的闪电等，它的特点是波形不连续，有脉冲性质，并且发生这类干扰的时间很短，强度很大，而周期是随机的，因此可以用随机的窄脉冲序列来表示。由于脉冲很窄，所以占用的频谱必然很宽，但是，随着频率的提高，频谱幅度逐渐减小，干扰影响也就减弱。因此，在适当选择工作频段的情况下，这类干扰的影响也是可以防止的。

(3)起伏噪声。它主要指信道内部的热噪声和散弹噪声以及来自空间的宇宙噪声。它们都是不规律的随机过程，只能采用大量统计的方法来寻求其统计特性。由于起伏噪声来自信道本身，所以它对信号传输的影响是不可避免的。

根据以上分析可以认为，尽管对信号传输有影响的加性干扰种类很多，但是影响最大的是起伏噪声，它是通信系统最基本的噪声源。通信系统模型中的噪声源就是分布在通信系统中的加性噪声(以下简称“噪声”)，主要是起伏噪声的集中表示，它概括了信道内所有的热噪声、散弹噪声和宇宙噪声等。

虽然脉冲干扰在调制信道内的影响不如起伏噪声那样大，在一般的通信系统内不必专门采取什么措施来处理它，但是在编码信道内这类突发性的脉冲干扰往往对数字信号的传输会产生严重的后果，甚至发生一连串的误码，因此为了保证数字通信的质量，在数字通信系统内经常采用含有交织编码的差错控制技术，它能有效地对抗突发性脉冲干扰。

3.2.2 噪声的统计特性

理论分析与实际测试表明，起伏噪声具有如下统计特性：

(1)瞬时值服从高斯分布，均值为0。

(2)功率谱密度在很宽的额率范围内是平坦的。

由于起伏噪声是加性噪声，又具有上述统计特性，所以常称为加性高斯白噪声(AWGN)，简称为高斯白噪声。

起伏噪声的一维概率密度函数为

$$f_{\mathrm{n}}(x)=\frac{1}{\sqrt{2\pi}\sigma_{\mathrm{n}}}\exp\left[-\frac{x^2}{2\sigma_{\mathrm{n}}^2}\right] \tag{3-9}$$

式中：σ_{n}^2 为起伏噪声的功率。

起伏噪声的双边功率谱密度为

$$P_{\mathrm{n}}(w)=\frac{n_0}{2} \tag{3-10}$$

需要特别说明的是，严格意义上白噪声的频带是无限的，实际中这种噪声是不存在的。起伏噪声的频率范围虽然包含了毫米波在内的所有频段，但其频率范围仍然是有限的，因此其功率也是有限的，它不是严格意义上的白噪声。

为了减少信道加性噪声的影响，在接收机输入端常用一个滤波器滤除带外噪声。在带通通信系统中，这个滤波器常具有窄带性，故滤波器的输出噪声不再是白噪声，而是一个窄带噪声。且由于滤波器是一种线性电路，高斯过程经过线性系统后，仍为高斯过程，所以该窄带噪声又常称为窄带高斯噪声。典型的窄带噪声功率谱密度曲线如图 3-7 中实线所示。

为了后续通信系统抗噪声性能分析的需要，下面引入“等效噪声带宽”的概念来描述该窄带噪声。设经过接收滤波器后的窄带噪声双边功率谱谱密度为 $P_{\mathrm{n}}(f)$，则此噪声的功率为

$$P_{\mathrm{n}}=\int_{-\infty}^{\infty}P_{\mathrm{n}}(f)\mathrm{d}f \tag{3-11}$$

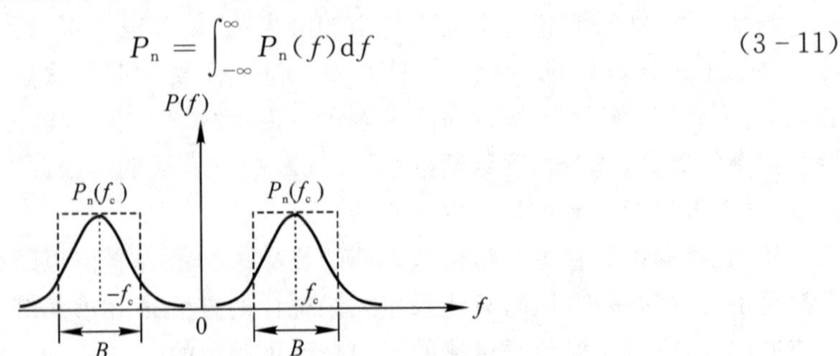

图 3-7 带通型噪声的等效带宽

图 3-7 中,还用虚线画出了一个理想带通滤波器,其高度等于原噪声功率谱密度曲线的最大值 $P_n(f_c)$,而宽度 B_n 由下式决定:

$$B_n=\frac{\int_{-\infty}^{\infty}P_n(f)\mathrm{d}f}{2P_n(f_c)}=\frac{\int_{0}^{+\infty}P_n(f)\mathrm{d}f}{P_n(f_c)} \tag{3-12}$$

式中:f_c 为带通滤波器的中心频率。显然,式(3-12)所规定的 B_n 保证了图中矩形虚线下的面积和功率谱密度曲线下的面积相等,即理想带通滤波器输出噪声的功率与实际带通滤波器输出噪声的功率相等,故称 B_n 为等效噪声带宽。

在后续章节分析接收机抗噪声性能时,一般假设接收机输入端的带通滤波器为一个理想矩形,这个理想矩形的带宽实际上就是等效噪声带宽。这样,窄带随机过程和正弦波加窄带高斯噪声的统计特性,皆可被用来分析通信系统的抗噪声性能。

3.3　信道编码

3.3.1　信道编码的基本概念

信道编码的目的在于降低错误译码概率 P_E,提高通信的可靠性。编码对象是信息序列(设码元间彼此无关且等概率出现)在传输的信息码之中按一定规律产生一些附加码元,经信道传输,在传输中若码字出现错误,接收端能利用编码规律发现码的内在相关性受到破坏,从而按一定的译码规则自动纠正或发现错误,降低误码率。信道编码的实质就是在保持一定传输信息速率的条件下,通过增加一定的码元多余度,使输出的码字具有特定的相关性,从而使接收端易于发现或纠正由于信道噪声而引起的传输错误。

一般来说,所加的冗余符号越多,编码纠错能力就越强,但传输效率越低。因此在信道编码中明显体现了传输有效性与可靠性的矛盾。长期以来,人们总是认为编码的高可靠性一定伴随低的传输有效性。而香农提出的信道编码定理,以前就有人指出这是一种不正确的传统观念。

简化的通信系统模型如图 3-8 所示。设信源输出(或信道编码器的输入)消息集合为 U,信道编码器采用分组编码,输出码字为 X 的一个子集,其中每个码符号 x 取自符号集 $A=\{a_1,a_2,\cdots,a_n\}$,码字通过离散无记忆信道传输,信道输出或译码器的输入为 Y,其中每个符号 y 取自符号集 $B=\{b_1,b_2,\cdots,b_n\}$,译码器输出的是被恢复的信号,其集合用 V 表示。信息传送过程如下。

(1)消息产生:由信源发出 M 个等概率消息:$U=\{1,2,\cdots,M\}$。

(2)信道编码:编码器将消息映射成码字,编码函数 f:$\{1,2,\cdots,M\}\rightarrow C=\{c_1,c_2,\cdots,c_M\}$,其中,$c_i(i=1,2,\cdots,M)$为码长为 n 的码字,码符号集 A 的大小为 r。

(3)信道传输:x 为 n 维矢量,取自码字集 C,作为 n 次扩展信道的输入,$C\in A^n$,y 是 n 维矢量,为信道输出,$y=A^n$,信道单符号输出与输入的关系用条件概率或转移概率 $P(y|x)$ 来描述。

(4)信道译码:译码器根据接收的 y 完成译码功能,译码函数 g:$Y^n\rightarrow V=\{1,2,\cdots,M\}$。

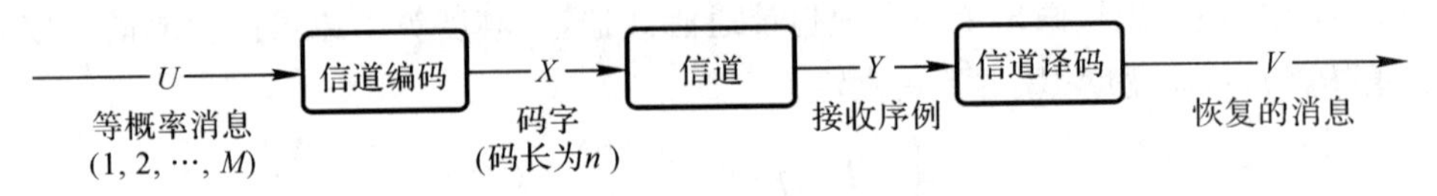

图 3-8　简化的通信系统模型

通常将这种信道编码表示成(M,n)码，其中M为信源编码器产生的消息总数，n为码字的长度。由于信道存在噪声，信息传输会出现差错，即通过接收的y所译出的信道输入与实际发送的x可能不同，这就使恢复的消息V与原始消息U也可能不相同。为减少译码差错，除采用高性能的信道编码外，选择合适的译码方式也是很重要的。通常有两类信道译码方式，一种是首先进行信道传输符号的判决，再进行信道译码，另一种是信道传输符号的判决和信道译码同时完成。前者对信道传输符号的判决称为硬判决，而后者称为软判决。通常，单符号的信道译码指的是信道传输符号的判决。由于译码算法直接影响系统传输的错误率，所以要选择使平均差错率最小的译码算法。

衡量信道编码有效性的重要指标就是信息传输速率(也称信道编码码率)。

对于离散信道，信息传输速率表示每个码符号携带的信息量。当离散信源的符号通过信道编码器编成长度为n的码字通过信道传输时，那么信息传输速率为

$$R = H(X)/n \tag{3-13}$$

式中：$H(X)$为信源的熵。传输速率的单位为比特(或奈特)/信道符号。

当信源符号等概率时，一个(M,n)码信息传输速率R为

$$R = \frac{1}{n}\log M \tag{3-14}$$

在研究信道编码时，总是认为信源经过理想的信源编码，输出符号的概率相等，从而采用式(3-14)计算信息传输速率。

对于时间连续信道，信息传输速率表示单位时间所传送的信息量，即

$$R' = H(X)/(nT_s) \tag{3-15}$$

式中：R'的单位为比特(或奈特)/秒，即 b/s 或 Nat/s；T_s为传输一个码符号所需时间。

3.3.2　判决与译码规则

对于图 3-8 所示的模型，单符号判决规则为

$$g(y = b_j) = a^*, j = 1,2,\cdots,s \tag{3-16}$$

式中：$a^* \in A$。式(3-16)的含义是，当接收到b_j就判定a^*为发送符号。因此，对每一个信道输出都必须有一个信道输入与之对应。因此判决规则是一个有唯一结果的函数。式(3-16)可简记为$g(y)=x^*$，称$g(y)$为判决函数。可见，在接收到b_j的条件下，若实际上发送的是a^*，则判决正确，反之判决就出现差错。

在发送$x=a_j$的条件下，利用判决规则，即式(3-16)，条件错误率定义为

$$P(e \mid x = a_j) = \sum_{y,g(y)\neq a_j} P(y \mid x = a_j) \tag{3-17}$$

平均错误率定义为

$$P_E = \sum_i P(x = a_i)P(e \mid x = a_i) = \sum_x P(x) \sum_{y,g(y)\neq x} P(y \mid x) = 1 - \sum_y P(x^* y) \tag{3-18}$$

式(3-18)的含义是,输出 y 与未被 y 作为判决结果的输入同时出现的事件是判决错误事件,这些事件概率的和就是平均错误率。

还可计算平均正确率为

$$\bar{P}_E = 1 - P_E = P(x^* y) \tag{3-19}$$

译码就是通过接收序列恢复消息序列。如果恢复的消息序列与发送序列不同,则称译码差错。通常有两种错误概率的描述,即误码率和误字率。误码率是指传输码元出错的概率(对二进制也称误比特率)。误字率是指码字出错的概率。本章所研究的错误率就是误字率。

如果发送消息 i 的码字 c_i,而译码器的输出不是消息 i,这就是发生了译码差错。与单符号判决情况类似,条件错误率为

$$P[g(y) \neq i \mid x = c_i] \tag{3-20}$$

平均错误率为

$$P_E = \sum_{i,y} P(c_i) P[g(y) \neq i \mid x = c_i] \tag{3-21}$$

如果一个长为 L 的二进制码字的传输中至少出现一个比特差错,则码字就发生译码错误。而当发生一个码字差错时,其中多个比特的传输可能是正确的。因此对同一通信系统,误码率总比误字率低。

错误概率的大小首先与编码器的纠错性能有关,其次与译码规则的选择有关,也和接收信噪比大小有关。故应选择纠错性能好的编码算法和性能好的译码算法以使平均错误概率降至最小。

3.3.3　最佳判决与译码准则

为提高传输可靠性,除采用有效的信道编码外,还应采用适当的译码准则。本节介绍最大后验概率(Maximum Posterior Probability, MAP)准则和最大似然(Maximum Likelihood, ML)准则。下面将针对离散概率分布情况进行推导,实际上,类似的结果可以推广到连续分布,只是用概率密度代替原来的离散概率分布。

1. 最大后验概率准则

根据式(3-19),平均正确率还可以写为

$$\sum_y P(x^* y) = \sum_y P(y) P(x^* y) \leqslant \sum_y P(y) \max_x P(x \mid y) \tag{3-22}$$

这样,为使判决正确率最大或使判决错误率最小,应对每一个输出 y,都选择对应后验概率最大的 x,即对所有 i,当满足

$$P(x = a^* \mid y) \geqslant P(x = a_i \mid y) \tag{3-23}$$

时,则选择判决函数为 $g(y) = a^*$,并称此准则为最大后验概率准则,可简写为 MAP 判决准则:

$$g(y) = \arg\max_x P(x \mid y) \tag{3-24}$$

MAP 准则就是,对给定的信道输出将具有最大后验概率的输入符号作为判决结果。

由式(3-23)得

$$\frac{P(x=a^*)P(y\mid x=a^*)}{P(y)} \geqslant \frac{P(x=a_i)P(y\mid x=a_i)}{P(y)} \tag{3-25}$$

因此,对所有 i,当

$$\Lambda=\frac{P(y\mid x=a^*)}{P(y\mid x=a_i)} \geqslant \frac{P(x=a^*)}{P(x=a_i)} \tag{3-26}$$

时,选择判决函数为 $g(y)=a^*$。

其中 Λ 为似然比,式(3-26)表示的是似然比检验。

需要注意的是:

(1)MAP 准则是使平均错误率最小的准则。

(2)MAP 准则可归结为似然比检验。

2. 最大似然准则

若输入符号等概率,即 $P(a_i)=\frac{1}{r}$,则式(3-26)变为

对所有 i,当

$$P(y\mid x=a^*) \geqslant P(y\mid x=a_i) \tag{3-27}$$

时,选择判决函数为 $g(y)=a^*$,称此准则为最大似然准则,可简写为 ML 判决准则:

$$g(y)=\underset{x}{\mathrm{argmax}}P(y\mid x) \tag{3-28}$$

需要注意的是:

(1)当输入符号等概率或先验概率未知时,采用此准则。

(2)当输入符号等概率时,最大似然准则等价于最大后验概率准则。

当信道输入概率不相等时,MAP 和 ML 判决函数和平均错误率通常是不同的,而 MAP 准则是使平均错误率最小的。

假设信道输入概率和转移概率矩阵给定,对两种准则使用要点总结如下:

(1)MAP 判决准则:$g(y)=\underset{x}{\mathrm{argmax}}P(x|y)$。

1)对转移概率矩阵的每行分别乘以 $P(x)$,得到联合概率矩阵。

2)对于每一列(相当于 y 固定)找一个最大的概率对应的 x 作为判决结果。

3)所有判决结果所对应的联合概率的和为正确概率,其他矩阵元素的和为错误概率。

(2)ML 判决准则:$g(y)=\underset{x}{\mathrm{argmax}}P(y|x)$。

1)在转移概率矩阵中每列选择最大的一个元素对应的 x 作为判决结果。

2)所有信道输出和所对应判决结果的联合概率之和为平均正确率,其他联合概率之和为平均错误率。

3.3.4 信道编码与最佳译码

1. 线性分组码

一个二元线性分组码(n,k)有 k 个信息位,$n-k$ 个校验位,根据某种确定的数学关系构成总长度为 n 的码字,码率为 k/n。在线性分组码中,校验位为信息位的线性组合。如果码字的开头或结尾的 k 位是信息位,那么就称为系统码,否则称为非系统码。在(n,k)线性分组码中码字的个数有 2^k 个。

(1)汉明距离。设两个二元码字为 $x=\{x_1,\cdots,x_n\}$，$y=\{y_1,\cdots,y_n\}$。其中，x_i、y_i 均取自符号集$\{0,1\}$，定义它们的汉明距离 $d_{\mathrm{H}}(x,y)=\sum_{i=1}^{n}x_i\oplus y_i$。其中，$\oplus$表示模二加运算。两个二元码字的汉明距离可以理解为其对应位置上不同的符号数。

引理 3.1　设 $\boldsymbol{x},\boldsymbol{y},\boldsymbol{z}$ 是长度为 n 的二元矢量，那么它们具有如下性质：

1)非负性：$d_{\mathrm{H}}(\boldsymbol{x},\boldsymbol{y})\geqslant 0$。

2)对称性：$d_{\mathrm{H}}(\boldsymbol{x},\boldsymbol{y})=d_{\mathrm{H}}(\boldsymbol{y},\boldsymbol{x})$。

3)三角不等式 $d_{\mathrm{H}}(\boldsymbol{x},\boldsymbol{z})\leqslant d_{\mathrm{H}}(\boldsymbol{x},\boldsymbol{y})+d_{\mathrm{H}}(\boldsymbol{y},\boldsymbol{z})$。

(2)码的最小距离。一个码字集合中任意两码字的汉明距离最小值，称为码的最小距离，用 $d_{\min}$来表示。一个(n,k)线性分组码的最小 $d_{\min}$距离定义为

$$d_{\min}=\min_{i\neq j}d_{\mathrm{H}}(v_i,v_j)\tag{3-29}$$

其中：$d_{\mathrm{H}}(v_i,v_j)$表示码字 v_i,v_j 间的汉明距离。由于线性分组码可看成 n 维空间的一个子空间，任何两码字的和都是码字，所以

$$d_{\min}=\min_{i\neq j}d_{\mathrm{H}}(v_i,v_j)=d_{\min}=\min_{i\neq j}d_{\mathrm{H}}(v_i\oplus v_j)=\min_{v_i\neq 0}w(v_k)\tag{3-30}$$

其中：$v_k=v_i\oplus v_j$；$w(\cdot)$表示某码字的重量，即该码字中“1”的个数。因此，线性分组码的最小距离 $d_{\min}$就是其最小重量的非零码字的重量。

这里引入差错矢量的概念。设一个长度与码字相同的矢量 $\boldsymbol{e}$ 为差错矢量，其每个分量取值为 0 或 1，设发送和接收矢量分别为 $\boldsymbol{x}$ 和 $\boldsymbol{y}$，那么接收矢量可以表示为 $\boldsymbol{y}=\boldsymbol{x}+\boldsymbol{e}$。如果 $\boldsymbol{e}$ 的某分量为 1，表示码字对应的位出错，反之，如果为 0，表示码字对应的位传输正确。

定理 3.1　一个最小距离为 d_{H} 的二元分组码能纠 t 个错的充要条件是

$$d_{\mathrm{H}}\geqslant 2t+1\tag{3-31}$$

2.序列最大似然译码

在实际信息传输系统中，发送端发送的往往不是单一符号而是一串序列，因此接收端往往要考虑如何对整条序列进行最佳接收的问题，这样就提出序列最大似然译码问题。设所有符号规定与图 3-8 所示的模型的说明相同。

如果对于所有 k，满足

$$P(y\mid x=c^*)\geqslant P(y\mid x=c_k)\tag{3-32}$$

就选择译码函数为 $g(y)=f^{-1}(c^*)$，则该准则称为序列的最大似然译码准则，其中 $f^{-1}(c^*)$表示码字 c^* 所对应的消息。可以简写为序列 ML 译码准则：

$$g(y)=f^{-1}[\underset{c_k\in C}{\arg\max}P(y\mid c_k)]\tag{3-33}$$

转移概率 $P(y|x)$称为似然函数，其对数称为对数似然函数。与单符号情况相同，当消息等概率或概率未知时用最大似然译码准则。

在通信系统中，设发送序列为 x，接收序列为 y，并且 x 和 y 来自同一个符号集，信道噪声的干扰 y 通常与 x 不同。本节介绍在两种信道环境下序列的最大似然译码准则。一种是无记忆二元对称信道，另一种是无记忆加性高斯噪声信道。

对于二元对称信道，在接收机收到序列 y 后，计算所有可能的发送序列 x 与 y 之间的汉明距离，将与 y 汉明距离最小的 x 作为译码输出，这种译码方法称为最小汉明距离准则。

定理 3.2　对于无记忆二元对称信道（错误概率 $P \leqslant 1/2$），最大似然译码准则等价于最小汉明距离准则。

设信源符号等概率，编码后为 n 维矢量 $\boldsymbol{x}$，能量恒定为 E，通过一个无记忆加性高斯信道传输；z 是均值为零、方差为 σ^2 的高斯白噪声序列；信道输出序列 $y=x+z$。接收机计算所有可能的发送序列 x 与 y 之间的欧氏距离，将与 y 欧氏距离最小的 x 作为译码输出，这种译码方法称为最小欧氏距离译码准则。

定理 3.3　对于无记忆加性高斯噪声信道，最大似然译码准则等价于最小欧氏距离译码或最大相关译码准则。

3. 几种简单的分组码

(1)重复码。重复码是一种最简单的分组码，只有一个信息位，$n-1$ 个校验位（是信息位的简单重复），码率为 $1/n$，因此码字数与信源符号数相同。二元重复码（见表 3-1）中只有两个码字，即 0…0 和 1…1，码的最小距离为 n，能纠 $(n-1)/2$ 个差错。很明显，一个 n 次重复码的距离是 n。

表 3-1　**二元重复码**

序号	码字	
	信息位	校验位
0	0	0…0
1	1	1…1

(2)奇偶校验码。奇偶校验码（见表 3-2）是一种 $(n,n-1)$ 二元分组码，有 $n-1$ 个信息位，1 个校验位，码率为 $(n-1)/n$。校验位的选取应使得每个码字的重量都是奇数或偶数。在奇校验中，每个码字的重量是奇数，而在偶校验中，每个码字的重量是偶数。当传输差错是奇数时，就改变码字中原来"1"符号个数的奇偶性，使接收方发现差错。因此，该码只能检测到奇数个差错。

表 3-2　**奇偶校验码**

原始码	奇校验	偶校验
1011000	1011000	1011001
1010000	1010001	1010000
0011010	0011010	0011011
0001000	0001000	0001001
0000000	0000001	0000000

(3)方阵码。这是一个二维奇偶校验码，又称行列监督码。该码不仅能克服奇偶校验码不能检测偶数个差错的缺点，而且能纠正突发错误。编码过程简述如下：将要传送的符号排成方阵，对方阵的各行和各列分别进行奇偶校验编码，校验位分别放到相应行或列的后面或下面，构成一个新的矩阵，按顺序将新矩阵逐行或逐列输出。该码的缺点是，不能检测在方阵中构成矩形四角的错误。方阵码见表 3-3。

表 3-3　方阵码

1	1	0	0	1	0	1	0	0	0	0
0	1	0	0	0	0	1	1	0	1	0
0	1	1	1	1	0	0	0	0	1	1
1	0	0	1	1	1	0	0	0	0	0
1	0	1	0	1	0	1	0	1	0	1
1	1	0	0	0	1	1	1	1	0	0

3.3.5　费诺(Fano)不等式

本节所介绍的费诺不等式可确定信道疑义度的上界，该不等式主要用于编码逆定理的证明。

设信道的输入与输出分别为 X,Y，定义条件熵 $H(X|Y)$ 为信道疑义度。它有如下含义：

(1)信道疑义度表示接收到 Y 条件下 X 的平均不确定性。

(2)根据 $I(X;Y)=H(X)-H(X|Y)$，信道疑义度又表示 X 经信道传输后信息量的损失。

(3)$H(X|Y)=0$ 表示无传输差错，反之，表示有传输差错。

定理 3.4　设信道的输入与输出分别为 X,Y，输入符号的数目为 r，那么信道疑义度满足

$$H(X \mid Y) \leqslant H(P_E) + P_E \log(r-1) \tag{3-34}$$

其中：P_E 为平均错误率。式(3-34)称作费诺不等式。

注意：

(1)费诺不等式给出了信道疑义度的上界，无论什么译码规则，费诺不等式恒成立，译码规则变化只会改变 P_E 的值。

(2)信道疑义度的上界由信源、信道及译码规则所限定，因为信源决定 $P(x)$，r，而 $P(x)$，$P(y|x)$及译码规则决定 P_E。

(3)如果 $H(X|Y)>0$，那么 $P_E>0$。

(4)不等式的含义可以这样来理解：当接收到 Y 后，关于 X 平均不确定性的解除可以分成两步来实现：第 1 步是判断传输是否有错，解除这种不确定性所需信息量为 $H(P_E)$；第 2 步是在确定传输出错后，究竟是哪一个错，解除这种不确定性所需最大信息量是 $\log(r-1)$。

图 3-9 为费诺不等式示意图。图中，曲线下面的区域为信道疑义度被限定的区域。信道疑义度不能超过区域边界的曲线。

3.3.6　有噪信道编码定理

1. 信道编码定理

定理 3.5　设有一离散无记忆平稳信道的容量为 C，则只要信息传输率 $R<C$，总存在

一种(M,n)码，使得当n足够长时，译码错误概率P_E任意小，反之，当信息传输率$R>C$时，对任何编码方式，译码差错率大于0。

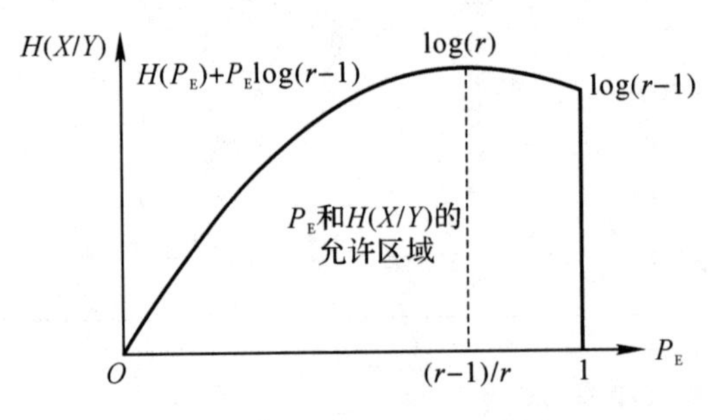

图3-9　费诺不等式示意图

(1)随机编码。长度为n的码字的每一个符号概率按照达到信道容量的输入概率$P(x)$独立选取，从而随机地产生$M=2^{nR}$个码字。第m个码字的概率为

$$P(c_m)=\prod_{i=1}^{n}P[x_i(m)] \tag{3-35}$$

式中：x_i为码字c_m的第i个符号。因为每个码字独立产生，所以产生某特殊码的概率为各个码字概率的乘积，即

$$P(C)=\prod_{m=1}^{2^{nR}}\prod_{i=1}^{n}P[x_i(m)] \tag{3-36}$$

这种编码方式称为随机编码。因此随机编码是指编码时，码符号的选择是随机的，从而码字的选择是随机的，码字集合的选择也是随机的。但在码字集合选定后，译码规则就使用确定的码字集合。

由于码符号按照其出现的概率选择，所以当码长足够大时，选择后的码字基本上是典型序列，且这些序列基本上是等概率出现的。

(2)联合典型序列译码。设接收序列为y，如果该序列满足下列条件，则译码器输出第m条消息。否则，输出译码错误信息。

1)(c_m,y)是联合典型序列。

2)没有其他的消息对应的码字$c_k(k\neq m)$使得(c_k,y)是联合典型的。

在接收端应该知道达到容量的输入概率和信道的转移概率，因此根据接收序列判定符合联合典型的输入码字是可以做到的。

(3)译码平均错误率P_E。由于寻找最佳(即P_E最小)的编码很困难，所以采用求$\bar{P}_E$的方法，即在所有的随机编码集合中对P_E进行平均，$\bar{P}_E=E_{P(C)}\{P_E(C)\}$，$P(C)$为选择码$C$的概率。若$n$足够大且$\bar{P}_E$任意小，那么至少有一种编码满足要求。

2.无失真信源信道编码定理

如果信源发出的消息通过信道传输，那么实现有效可靠传输的条件由下面的信源信道编码定理来说明。

定理3.6　设有一离散无记忆平稳信道每秒容量为C，一个离散信源每秒的熵为H，那

么，如果 $H<C$，则总存在一种编码系统，使得信源的输出以任意小的错误概率通过信道传输，反之，如果 $H>C$，则对任何编码系统，译码差错率大于 0。

3.3.7　纠错编码技术

信道编码通常称作纠错码，可以按多种方式分类。例如：按编码方式可分为分组码和卷积码；按纠错或检错能力可分为检错码和纠错码；按纠错类型可分为纠随机错误码和纠突发错误码；按信息位和校验位之间的关系可分为线性码和非线性码；根据码元的取值还可分为二进制码和多进制码。本节在前面已经介绍的分组码基本概念的基础上，进一步介绍线性分组码的编译码方法、实用的几种线性分组码和卷积码的简单知识。

1. 线性分组码的编译码

(1)生成矩阵。一个 (n,k) 线性分组码中的码字可用 n 维矢量空间的一个 n 维行矢量 $\boldsymbol{v}$ 表示，记为 $\boldsymbol{v}=(v_{n-1},\cdots,v_0)$，对应的信息分组用一个 k 维行矢量 $\boldsymbol{u}$ 表示，记为 $\boldsymbol{u}=(u_{k-1},\cdots,u_0)$。在二进制编码中，所有 $\boldsymbol{v},\boldsymbol{u}$ 都取值 0 或 1。$\boldsymbol{v},\boldsymbol{u}$ 之间的关系可用矩阵表示：

$$\boldsymbol{v}=\boldsymbol{u}\boldsymbol{G} \tag{3-37}$$

式中：$\boldsymbol{G}$ 为分组码的生成矩阵，阶数为 $k\times n$。将 $\boldsymbol{G}$ 写成

$$\boldsymbol{G}=(\boldsymbol{g}_1^{\mathrm{T}},\cdots,\boldsymbol{g}_k^{\mathrm{T}})^{\mathrm{T}} \tag{3-38}$$

式中：$\boldsymbol{g}_i(i=1,\cdots,k)$ 为 n 维行矢量；T 为转置。由式(3-37)，有

$$\boldsymbol{v}=\boldsymbol{u}_{k-1}\boldsymbol{g}_1+\cdots+\boldsymbol{u}_0\boldsymbol{g}_k \tag{3-39}$$

可见，码字是生成矩阵各行的线性组合。为保证不同的信息分组对应不同的码字，$\boldsymbol{g}_i$ 应该是线性无关的。

对于码字的前 k 位是信息位、后 $n-k$ 位是校验位的系统码，有 $\boldsymbol{v}_{n-i}=\boldsymbol{u}_{k-i}(i=1,\cdots,k)$，因此通常的系统分组码生成矩阵 $\boldsymbol{G}$ 为

$$\boldsymbol{G}=(\boldsymbol{I}_k\ \vdots\ \boldsymbol{P}_{kr}) \tag{3-40}$$

式中：$\boldsymbol{I}_k$ 为 k 阶单位矩阵；$\boldsymbol{P}_{kr}$ 为 $k\times r(r=n-k)$ 阶矩阵。将式(3-40)代入式(3-37)，得

$$\boldsymbol{v}=(\boldsymbol{u}\ \vdots\ \boldsymbol{u}\boldsymbol{P}_{kr}) \tag{3-41}$$

因此，矩阵 $\boldsymbol{P}_n$ 确定了分组码校验位和信息位的关系。

(2)伴随式。在传输过程中，接收码字 $\boldsymbol{v}$ 可能发生差错，设差错矢量为 $\boldsymbol{e}$，则接收矢量 $\boldsymbol{r}$ 为

$$\boldsymbol{r}=\boldsymbol{v}+\boldsymbol{e} \tag{3-42}$$

$$\boldsymbol{e}=(e_{n-1},\cdots,e_0) \tag{3-43}$$

如果 $\boldsymbol{e}_i\neq 0$，就表示第 i 个码元 v_i 出错。令 $\boldsymbol{s}^{\mathrm{T}}=\boldsymbol{H}\boldsymbol{r}^{\mathrm{T}}$，称 $\boldsymbol{s}$ 为分组码的伴随式。利用已知 $\boldsymbol{H}\boldsymbol{v}^{\mathrm{T}}=\boldsymbol{0}^{\mathrm{T}}$，再利用式(3-42)得

$$\boldsymbol{s}^{\mathrm{T}}=\boldsymbol{H}(\boldsymbol{v}+\boldsymbol{e})^{\mathrm{T}}=\boldsymbol{H}\boldsymbol{e}^{\mathrm{T}} \tag{3-44}$$

注意：

1)伴随式仅与错误有关，是 $\boldsymbol{H}$ 各列的线性组合。

2)伴随式是 $r=n-k$ 维行矢量。

3)可以建立伴随式与错误矢量之间的对应关系，这些错误矢量称为可纠错误图样，通常

选择重量最小的错误矢量作为可纠错误图样。

(3)分组码的译码。根据伴随式可以对分组码译码,译码过程如下:

1)根据式 $\boldsymbol{s}^{\mathrm{T}}=\boldsymbol{H}\boldsymbol{r}^{\mathrm{T}}$ 计算伴随式 $\boldsymbol{s}$;

2)根据伴随式 $\boldsymbol{s}$ 查找对应的可纠错误图样 $\boldsymbol{e}$;

3)计算 $\hat{\boldsymbol{v}}=\boldsymbol{r}+\boldsymbol{e}$,$\hat{\boldsymbol{v}}$ 为纠错后的码字。

2. 几种重要的分组码

(1)循环码。在(n,k)分组码中,设 $\boldsymbol{v}=(v_{n-1},\cdots,v_0)$为其中的一个码字,那么 $\boldsymbol{v}^i=(v_{n-1},\cdots,v_{n-i})$称作 $\boldsymbol{v}$ 的 i 次左循环移位或 i 次循环移位。如果一个(n,k)分组码的任何一个码字的循环移位都是码字,那么该码就称为循环码。例如,分组码 $C=\{0000,0110,1100,0011,1001\}$就是循环码。

(2)汉明码。这是一个纠单错的码,分组长度 $n=2^m-1$,信息位数 $k=n-m$,校验位数 $r=m$,$m\geqslant 3$,码的最小距离 $d_{\min}=3$,码率为 $R=(n-m)/1-1-m/(2^m-1)$。汉明码可以是循环码。

(3)BCH 码。这是一类纠多重错误的码,分组长度 $n=2^m-1(m\geqslant 3)$,校验位数 $n-k\leqslant mt$,码的最小距离 $d_{\min}\geqslant 2t+1$。BCH 码是一种纠错能力很强的码,在码的参数选择上有较大的灵活性,可以选择码长、码率及纠错能力等。

(4)里德-所罗门码。里德-所罗门(Reed - Solomon, RS)码,简称 RS 码,是 BCH 码的一个子类,是非二进制码。该码的参数为:每符号 m 比特,分组长度 $n=2^m-1$ 符号,信息符号数 $k=n-2t$,码的最小距离 $d_{\min}=2t+1$。RS 码非常适合纠突发错误,并经常在级联码中用作外码。

3.4 本章小结

本章从通信系统组成中不可缺少的部分——信道的基本概念出发,先介绍了信道的定义、分类、数学模型以及信道容量等概念。进一步解释说明了信道中噪声来源、分类以及其统计特性。之后又讲述了信道编码,其中包括信道编码的基本概念、判决与译码规则,为提高传输可靠性,找到了最佳判决与译码规则,还介绍了费诺不等式、有噪声信道编码以及纠错编码技术,从而进一步介绍线性分组码的编译码方法、实用的几种线性分组码和卷积码的简单知识。为后面第 5 章从信道角度来评估一个通信系统的方法做铺垫。

3.5 思考题

1. 什么是广义信道? 什么是狭义信道?
2. 信道容量如何定义? 香农公式有何意义?
3. 信道中常见起伏噪声有哪些? 它们的统计特性如何?
4. 信道编码的含义与目的是什么?
5. 有哪两种常用的译码准则? 说明它们各自的含义、使用场合以及区别和联系。
6. 解释费诺不等式的含义以及等式成立的条件。

第 4 章 信号的评估及其评估参数

4.1 引 言

对于一般通信系统，需要考虑系统的有效性、可靠性、适应性、标准性、经济性、保密性、可维护性等。这些指标中，最重要的是有效性和可靠性。由于模拟通信系统在收、发两端比较的是波形是否失真，而数字通信系统并不介意波形是否失真，而是强调传送的码元是否出错，也就是说，模拟通信系统和数字通信系统本身存在着差异，所以对有效性和可靠性两个指标要求的具体内容也有很大的差别。其中，最关注的是接收端信号质量的好坏，对此开展了对接收端信号质量评估要素和评估方法的研究。

本章重点考察信号的基带信号波形、眼图、相关函数、S 曲线偏差、码与载波一致性、码与码一致性等方面，不仅可以以图形的方式进行定性分析，也可以对信号参数进行定量计算。单路信号的分析需要从复用信号中分离各个信号分量，也给出了信号分离方法。对于复合信号，主要考察信号的功率谱、调制特性以及复用特性。复用信号质量的评估同样可以从定性和定量两个层面进行描述。根据上述对评估要素和评估方法研究成果的分析和总结，还给出了从时域、频域评价指标体系。

4.2 评估参数

4.2.1 码跟踪精度

在通信系统中，接收机端通常采用码跟踪环路来比较和接收信号。其中码跟踪环路由本地参考信号产生器、乘法器、积分清零器、码鉴别器和环路滤波器构成，其工作原理如图 4-1 所示。参考信号产生器可以利用子载波调制方式来实现伪码的产生和赋形。将其输出的超前、即时和滞后信号分别用 $s_E(t)$、$s_P(t)$和 $s_L(t)$来表示。在乘法器和积分清零器中完成接收信号和本地参考信号的相关运算。为了方便表示，这里均采用复数形式的表达，而实际接收机中每一路信号都用同相、正交两个支路叠加来实现。复数积分清零器中采样间隔为 T_P，从而得到接收信号和参考信号的相关函数采样值。再将相关函数的结果送入码鉴别器，从而产生对本地即时支路参考信号与接收信号的码相位差的估计，再将这个码相位差估计值通过滤波处理以后作为码产生器输入，进一步修正对接收信号相位的估计。

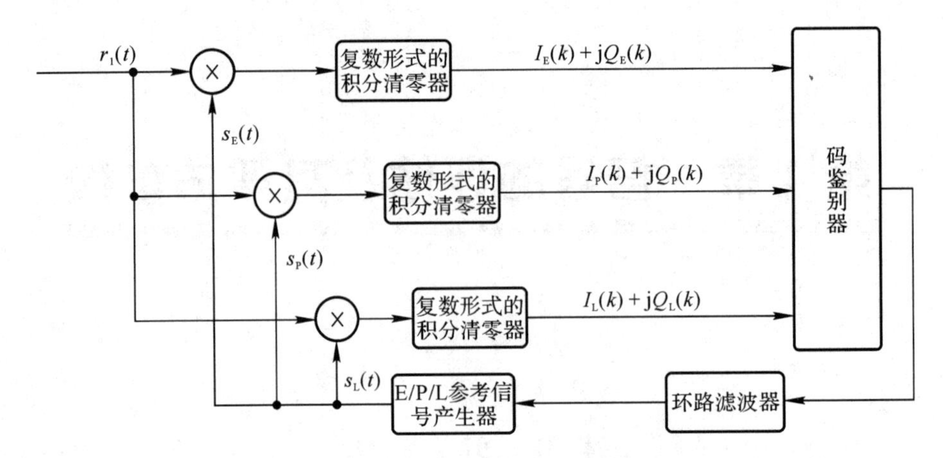

图 4-1　码跟踪环路工作原理图

图 4-1 中环路输入信号 $r_1(t)$为经过前端处理后的接收信号,即将信号放大、滤波、下变频之后的基带信号。接收机工作一段时间后,进入稳定工作阶段,此时通过载波跟踪可以获得多普勒频偏的良好估计并实现载波剥离,则环路的输入信号可以建模为一个复包络的接收信号。典型的接收机一般采用相干超前减滞后(Early Minus Late,EML)鉴别算法和非相干超前功率减滞后功率(Early Minus Late Power,EMLP)算法,同时利用跟踪精度更高的载波环来辅助码环的跟踪。这里 EML 鉴别算法可以实现要保证数据位已知并且载波相位误差很小的目标,而 EMLP 鉴别算法对数据位和载波相位误差不敏感。在实际接收机处理中数据位可以通过三种方式获得:第一种是利用外部辅助的数据链路,例如移动通信网络事先获得;第二种是利用导航电文的周期性将存储的电文用来实现数据剥离,这种方法在电文更新的时候会失效;第三种方法是用即时支路的积分结果或者解调结果来估计数据位从而实现数据剥离。EML 算法在原理上是可行的,但它在数据位估计和载波相位差方面的局限性,使其在实际接收机中的应用不如非相干鉴别算法广泛。因此,对于 EML 鉴别环路中的码跟踪精度分析不用考虑数据位的影响。而对 EMLP 鉴别环路,数据位取值本身与环路的跟踪无关,因此在码跟踪精度的分析过程中可以忽略数据位的影响。但它的宽度将限制预积分时间,这会影响二次方损耗的大小,从而影响跟踪精度。那么,这里也可以改变并选择最佳的接收机预积分时间参数来尽可能减少环路对跟踪精度的影响。

环路输入信号的复数形式表达如下:

$$r_1(t)=s(t)+w(t) \tag{4-1}$$

式中:$s(t)$为期望信号的复包络;$w(t)$为干扰信号的复包络。

对于扩频系统而言,期望信号的伪码及赋形方式均为已知,本地参考信号是根据信号模板和时延估计而产生复现信号的共轭,即

$$s_E(t)=s_0^*(t-\varepsilon+T_c d/2) \tag{4-2}$$

$$s_P(t)=s_0^*(t-\varepsilon) \tag{4-3}$$

$$s_L(t)=s_0^*(t-\varepsilon-T_c d/2) \tag{4-4}$$

式(4-2)~式(4-4)中:$s_0(t)$为依据信号模板和时延估计而产生的复现信号;ε 为时延估计误差;T_c 为扩频码的码元宽度;d 为归一化到码元宽度的相关器间隔(超前信号与滞后信号

之间的时间间隔)；考虑到接收信号在传播过程中可能存在失真现象，用带下标的符号$s_0^*(t)$表示复现信号，以便与接收信号的复包络 $s(t)$区分。下面给出超前、滞后支路经过积分清零器后的同相、正交支路输出结果，分别用 $I_E(k)$、$Q_E(k)$、$I_L(k)$、$Q_L(k)$表示：

$$I_E(k) = R_e\left[\frac{1}{T_p}\int_{(k-1)T_p}^{kT_p} r_1(t)s_0^*(t-\varepsilon+T_e d/2)\mathrm{d}t\right] \tag{4-5}$$

$$Q_E(k) = I_m\left[\frac{1}{T_p}\int_{(k-1)T_p}^{kT_p} r_1(t)s_0^*(t-\varepsilon+T_e d/2)\mathrm{d}t\right] \tag{4-6}$$

$$I_L(k) = R_e\left[\frac{1}{T_p}\int_{(k-1)T_p}^{kT_p} r_1(t)s_0^*(t-\hat{T}_d-T_e d/2)\mathrm{d}t\right] \tag{4-7}$$

$$Q_L(k) = I_m\left[\frac{1}{T_p}\int_{(k-1)T_p}^{kT_p} r_1(t)s_0^*(t-\hat{T}_d-T_e d/2)\mathrm{d}t\right] \tag{4-8}$$

式中：记超前支路相关输出中的同相噪声分量为 n_{IE}；超前支路相关输出中的正交噪声分量为 n_{QE}；滞后支路相关输出中的同相噪声分量为 n_{IL}；滞后支路相关输出中的正交噪声分量为 n_{QL}。它们分别表达为

$$n_{IE}(k) = R_e\left[\frac{1}{T_p}\int_{(k-1)T_p}^{kT_p} w(t)s_0^*(t-\varepsilon+T_e d/2)\mathrm{d}t\right] \tag{4-9}$$

$$n_{QE}(k) = I_m\left[\frac{1}{T_p}\int_{(k-1)T_p}^{kT_p} w(t)s_0^*(t-\varepsilon+T_e d/2)\mathrm{d}t\right] \tag{4-10}$$

$$n_{IL}(k) = R_e\left[\frac{1}{T_p}\int_{(k-1)T_p}^{kT_p} w(t)s_0^*(t-\varepsilon-T_e d/2)\mathrm{d}t\right] \tag{4-11}$$

$$n_{QL}(k) = I_m\left[\frac{1}{T_p}\int_{(k-1)T_p}^{kT_p} w(t)s_0^*(t-\varepsilon-T_e d/2)\mathrm{d}t\right] \tag{4-12}$$

将各支路简化为如下格式：

$$I_E(k) = R_e\lfloor R_{s,s_0}(\varepsilon-T_e d/2)\rfloor + n_{IE}(k) \tag{4-13}$$

$$Q_E(k) = I_m\lfloor R_{s,s_0}(\varepsilon-T_e d/2)\rfloor + n_{QE}(k) \tag{4-14}$$

$$I_L(k) = R_e\lfloor R_{s,s_0}(\varepsilon+T_e d/2)\rfloor + n_{IL}(k) \tag{4-15}$$

$$Q_L(k) = I_m\lfloor R_{s,s_0}(\varepsilon+T_e d/2)\rfloor + n_{QL}(k) \tag{4-16}$$

当码跟踪误差很小时，可以采用线性等效模型来描述鉴别器输出，即

$$V_c = K\varepsilon + n_e \tag{4-17}$$

式中：K 为鉴别器输出在平衡点处的斜率；n_e 为鉴别器输出噪声。图 4-2 为码跟踪环的等效模型，$D(z)$为环路滤波器的 Z 变换，$\frac{z^{-1}}{1-z^{-1}}$为码 NCO 的 Z 域表示。假设鉴别器输出噪声 n_e 是零均值的，并且输出噪声的相邻采样点之间相互独立$\left(\text{该假设成立的前提是噪声宽带远大于采样间隔}\frac{1}{T_p}\right)$，那么跟踪误差的方差 σ_ε^2 为

$$\sigma_\varepsilon^2 = 2B_L R_n(0)\frac{T_p}{K^2} \tag{4-18}$$

式中：$R_n(0)$为鉴别器输出噪声功率；B_L 为数字环路的等效单边宽带，表示为

$$B_L = \int_0^{1/2T_p} |H_L(f)|^2 \mathrm{d}f \tag{4-19}$$

式中:$H_L(f)$为环路传递函数,可以结合$D(z)$计算出来。

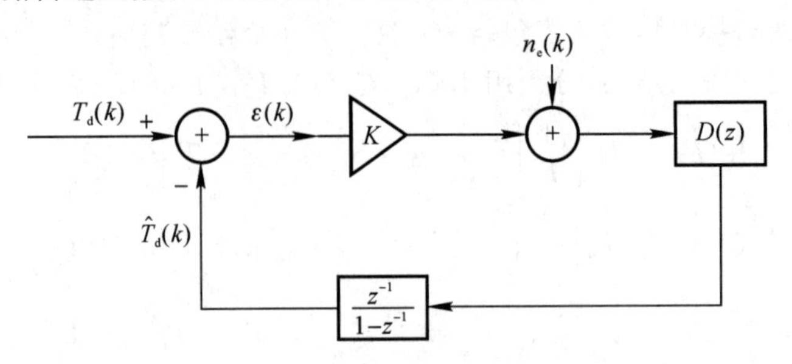

图 4-2　等效环跟踪模型

相干 EML 鉴别算法和非相干 EMLP 鉴别算法输出分别可以表示为

$$V_{eEML}(k) = I_E(k) - I_L(k) \tag{4-20}$$

$$V_{eEMLP}(k) = [I_E^2(k) + Q_E^2(k)] - [I_L^2(k) + Q_L^2(k)] \tag{4-21}$$

1. 相干 EML 码环跟踪精度

将式(4-4)～式(4-11)代入式(4-19)中可得相干 EML 环路输出为

$$V_{eEML} = R_e\lfloor R_{s,s_0}(\varepsilon - T_e d/2) - R_{s,s_0}(\varepsilon + T_e d/2)\rfloor + n_{IE}(k) - n_{IL}(k) \tag{4-22}$$

将鉴别器输出的信号记为$D(\varepsilon)$,鉴别器输出的噪声记为n_e,则

$$D(\varepsilon) = R_e\lfloor R_{s,s0}(\varepsilon - T_e d/2) - R_{s,s_0}(\varepsilon + T_e d/2)\rfloor \tag{4-23}$$

$$n_e(k) = n_{IE}(k) - n_{IL}(k) \tag{4-24}$$

当不考虑多径信号和接收机动态时,鉴别曲线的平衡点为$\varepsilon=0$,此时便能够获得对信号传播时延的无偏估计。在实际接收条件下,接收机和卫星之间存在相对运动,这种动态效应可以通过载波辅助和高阶环路的设计来消除。因此在本章的码跟踪精度分析中不考虑动态应力的影响。鉴别曲线平衡点处的斜率为

$$K = D'(\varepsilon)\mid_{\varepsilon=0} \tag{4-25}$$

结合式(4-22)可得

$$\begin{aligned} D'(\varepsilon) &= \frac{\partial}{\partial\varepsilon}\{R_e[R_{s,s_0}(\varepsilon - T_e d/2) - R_{s,s_0}(\varepsilon + T_e d/2)]\} \\ &= \frac{1}{2}\frac{\partial}{\partial\varepsilon}\{R_e[R_{s,s_0}(\varepsilon - T_e d/2) - R_{s,s_0}(\varepsilon + T_e d/2) + \\ &\quad R_{s,s_0}{}^*(\varepsilon - T_e d/2) - R_{s,s_0}{}^*(\varepsilon + T_e d/2)]\} \end{aligned} \tag{4-26}$$

若$F\{x(t)\}=X(f)$,则$F\{x^*(t)\}=[X(-f)]^*$,再利用傅里叶变换的微分特性可以得到

$$F\lfloor dr/dt\rfloor = j2\pi f X(f) \tag{4-27}$$

进一步将式(4-26)化为

$$\begin{aligned} D'(\varepsilon) &= \frac{1}{2}F^{-1}\{j2\pi f F[R_{s,s_0}(\varepsilon - T_e d/2) - R_{s,s_0}(\varepsilon + T_e d/2) + R_{s,s_0}{}^*(\varepsilon - T_e d/2) - R_{s,s_0}{}^*(\varepsilon + T_e d/2)]\} \\ &= \pi j\int_{-\infty}^{\infty} f[G_{s,s_0}(f)e^{-j\pi f d T_e} - G_{s,s_0}(f)e^{j\pi f d T_e} + G_{s,s_0}{}^*(-f)e^{-j\pi f d T_e} - G_{s,s_0}{}^*(-f)e^{j\pi f d T_e}]e^{j2\pi f\varepsilon}df \\ &= \pi j\int_{-\infty}^{\infty} f\{G_{s,s_0}(f)[-j2\sin(\pi f d T_e)] + G_{s,s_0}{}^*(-f)[-j2\sin(\pi f d T_e)]\}e^{j2\pi f\varepsilon}df \end{aligned}$$

$$= 2\pi\int_{-\infty}^{\infty} f\{[G_{s,s_0}(f) + G_{s,s_0}{}^*(-f)]\sin(\pi f d T_e)\}e^{j2\pi f\varepsilon}df \tag{4-28}$$

式中：$G_{s,s_0}(f)$是 $s(t)$和 $s_0(t)$的互相关功率谱，与互相关函数 $R_{s,s_0}(\tau)$是一组傅里叶变换。再结合式(4－25)和式(4－28)可以得到鉴别曲线在平衡点处的斜率为

$$K = 2\pi\int_{-\infty}^{\infty} f\{[G_{s,s_0}(f) + G_{s,s_0}{}^*(-f)]\sin(\pi f d T_e)\}df \tag{4-29}$$

由式(4－8)、式(4－10)和式(4－23)可知 EML 鉴别器输出噪声为

$$\begin{aligned} n_e(k) &= n_{IE}(k) - n_{IL}(k) \\ &= R_e\left[\frac{1}{T_p}\int_{(k-1)T_p}^{kT_p} w(t)s_0^*(t-\varepsilon+T_e d/2)dt - \frac{1}{T_p}\int_{(k-1)T_p}^{kT_p} w(t)s_0^*(t-\varepsilon-T_e d/2)dt\right] \\ &= \frac{1}{2}\left[\begin{array}{l} \frac{1}{T_p}\int_{(k-1)T_p}^{kT_p} w(t)s_0^*(t-\varepsilon+T_e d/2)dt - \frac{1}{T_p}\int_{(k-1)T_p}^{kT_p} w(t)s_0^*(t-\varepsilon-T_e d/2)dt \\ \frac{1}{T_p}\int_{(k-1)T_p}^{kT_p} w^*(t)s_0(t-\varepsilon+T_e d/2)dt - \frac{1}{T_p}\int_{(k-1)T_p}^{kT_p} w^*(t)s_0(t-\varepsilon-T_e d/2)dt \end{array}\right] \end{aligned} \tag{4-30}$$

为了简化表达，定义一个本地复合参考信号：

$$s_d(t) = s_0(t-\varepsilon+T_e d/2) - s_0(t-\varepsilon-T_e d/2) \tag{4-31}$$

则式(4－30)可以表示为

$$n_e(k) = \frac{1}{2}\left[\frac{1}{T_p}\int_{(k-1)T_p}^{kT_p} \omega(t)s_d^*(t)dt + \frac{1}{T_p}\int_{(k-1)T_p}^{kT_p} \omega^*(t)s_d(t)dt\right] \tag{4-32}$$

ENML 鉴别器输出噪声功率为

$$\begin{aligned} E\{[n_e(k)]^2\} &= \frac{1}{4}E\left\{\left[\frac{1}{T_p}\int_{(k-1)T_p}^{kT_p} w(t)s_d^*(t)dt + \frac{1}{T_p}\int_{(k-1)T_p}^{kT_p} w^*(t)s_d(t)dt\right]^2\right\} \\ &= \frac{1}{4}E\left\{\left[\frac{1}{T_p}\int_{(k-1)T_p}^{kT_p} w(t)s_d^*(t)dt\right]^2 + \left[\frac{1}{T_p}\int_{(k-1)T_p}^{kT_p} w^*(t)s_d(t)dt\right]^2 + \right. \\ &\qquad \left. 2\frac{1}{T_p}\int_{(k-1)T_p}^{kT_p} w(t)s_d^*(t)dt\,\frac{1}{T_p}\int_{(k-1)T_p}^{kT_p} w^*(t)s_d(t)dt\right\} \\ &= \frac{1}{2}R_e\left\{E\left[\left(\frac{1}{T_p}\int_{(k-1)T_p}^{kT_p} w(t)s_d^*(t)dt\right)^2\right]\right\} + \frac{1}{2}\frac{1}{T_p}\int_{-\infty}^{\infty} G_w(f)G_{s_d}(f)df \end{aligned} \tag{4-33}$$

将式(4－33)中第一部分鉴别器输出噪声展开可得

$$R_e\left\{E\left[\left(\frac{1}{T_p}\int_{(k-1)T_p}^{kT_p} w(t)s_d^*(t)dt\right)^2\right]\right\} = R_e\left\{\frac{1}{T_p^2}\int_{(k-1)T_p}^{kT_p}\int_{(k-1)T_p}^{kT_p} E[w(t_1)s_d^*(t_1)w(t_2)s_d^*(t_2)]dtdt\right\} \tag{4-34}$$

由于复合参考信号与噪声相互独立，则有

$$E[w(t_1)s_d^*(t_1)w(t_2)s_d^*(t_2)] = \mathrm{Re}[l_w(t_1-t_2)]\mathrm{Re}[l_w^*(t_1-t_2)] \tag{4-35}$$

式中：$\mathrm{Re}[l_w(\tau)]$为噪声 $w(t)$的关系函数；$\mathrm{Re}[l_{s_d}(\tau)]$为复合参考信号 $s_d(t)$的关系函数(对于复信号 $x(t)$的关系函数定义为 $\mathrm{Re}[l(\tau)]=E[x(t)x(t-\tau)]$，即关系函数为复信号与自身延迟信号的乘积的期望，不需要对延迟信号取共轭，可以保留信号的相位信息)。则将式

(4-35)进一步推导可得

$$R_e\left\{\frac{1}{T_p^2}\int_{(k-1)T_p}^{kT_p}\int_{(k-1)T_p}^{kT_p}E[w(t_1)w(t_2)]E[s_d^*(t_1)s_d^*(t_2)]\mathrm{d}t\mathrm{d}t\right\}$$
$$=R_e\left\{\frac{1}{T_p^2}\int_{(k-1)T_p}^{kT_p}\int_{(k-1)T_p}^{kT_p}\mathrm{Re}[l_w(t_1-t_2)]\mathrm{Re}[l_{s_d}^*(t_1-t_2)]\mathrm{d}t\mathrm{d}t\right\}$$
$$\approx R_e\left[\frac{1}{T_p}\int_{-\infty}^{\infty}Sp_w(f)Sp_w^*(-f)\mathrm{d}f\right] \tag{4-36}$$

式中：$SP_w(f)$为噪声信号$w(t)$基于关系函数的功率谱；$S_{s_d}(f)$为噪声信号$s_d(t)$基于关系函数的功率谱。

结合式(4-17)、式(4-27)、式(4-31)、式(4-34)可得相干EML码跟踪环路采用相干超前减滞后鉴别器，如下式所示：

$$D_{EML}=I_E-I_L \tag{4-37}$$

$$\sigma^2=\frac{4B_L\int_{-\infty}^{\infty}G_w(f)G_{s_0}(f)\sin^2(\pi f dT_c)\mathrm{d}f}{(2\pi)^2\left\{\int_{-\infty}^{\infty}f[G_{s_0}(f)H(f)+G_{s_0}(-f)H^*(-f)]\sin(\pi f dT_c)\mathrm{d}f\right\}^2} \tag{4-38}$$

式(4-38)给出了相干EML码跟踪精度表达式。其中：B_L为数字环路的等效单边带宽；$G_w(f)$为噪声的归一化功率谱密度；$G_{s_0}(f)$为本地复现信号$s_0(t)$的归一化功率谱密度；$H(f)$为信道影响的等效基带传递函数；P_s为有用信号$s(t)$的功率；d为相关器间隔；T_c为扩频码的码元宽度。

假设传输过程中信号无相位失真，且信号为实信号，即$H(f)=H^*(-f)=|H(f)|$，$G_{s_0}(f)=G_{s_0}(-f)$。式(4-38)可化为

$$\sigma_{\varepsilon,EML,s1}^2=\frac{B_L\int_{-\infty}^{\infty}G_w(f)G_{s_0}(f)\sin^2(\pi f dT_c)\mathrm{d}f}{(2\pi)^2P_s\left\{\int_{-\infty}^{\infty}fG_{s_0}(f)\mid H(f)\mid\sin(\pi f dT_c)\mathrm{d}f\right\}^2} \tag{4-39}$$

假设干扰仅仅是单边功率谱密度为N_0的高斯白噪声，接收机前端带宽取为β_r，式(4-39)可以进一步简化为

$$\sigma_{\varepsilon,EML,s1}^2=\frac{B_L\int_{-\beta_r/2}^{\beta_r/2}G_{s_0}(f)\sin^2(\pi f dT_c)\mathrm{d}f}{(2\pi)^2(P_c/N_0)\left\{\int_{-\beta_r/2}^{\beta_r/2}fG_{s_0}(f)\mid H(f)\mid\sin(\pi f dT_c)\mathrm{d}f\right\}^2} \tag{4-40}$$

其中：$P_c=2P_s$。

从式(4-38)～式(4-40)可以看到，影响相干EML码跟踪环路跟踪精度的因素有码环带宽、接收机前端带宽、干扰和信号的功率谱密度、早迟相关器间隔以及接收信号的载噪比。

2. 非相干EMLP环路跟踪精度

当没有准确跟踪载波相位时，必须采用非相干EMLP跟踪环路，这也是实际常用的码跟踪环路。非相干EMLP跟踪环路采用的鉴相函数为

$$D_{EMLP}=(I_E^2+Q_E^2)-(I_E^2-Q_E^2) \tag{4-41}$$

$$\sigma_{\varepsilon,EMLP}^2=B_L\left\{\frac{4}{T}\left[\int_{-\infty}^{\infty}G_w(f)G_{s_0}\cos^2(\pi f dT_c)\mathrm{d}f\int_{-\infty}^{\infty}G_w(f)G_{s_0}\sin^2(\pi f dT_c)\mathrm{d}f\right]+\right.$$

$$P_s\int_{-\infty}^{\infty} G_w(f)G_{s_0}\mathrm{d}f\left[\left|\int_{-\infty}^{\infty} H(f)G_{s_0}(f)\mathrm{e}^{-\mathrm{j}\pi fdT_c}\mathrm{d}f\right|^2+\left|\int_{-\infty}^{\infty} H(f)G_{s_0}(f)\mathrm{e}^{\mathrm{j}\pi fdT_c}\mathrm{d}f\right|^2\right]$$

$$-2P_s\mathrm{Re}\left[\int_{-\infty}^{\infty} G_w(f)G_{s_0}(f)\mathrm{e}^{-\mathrm{j}\pi fdT_c}\mathrm{d}f\int_{-\infty}^{\infty} H(f)G_{s_0}(f)\mathrm{e}^{-\mathrm{j}\pi fdT_c}\mathrm{d}f\int_{-\infty}^{\infty} H^*(f)G_{s_0}(f)\mathrm{e}^{-\mathrm{j}\pi fdT_c}\mathrm{d}f\right]\Bigg\}\times$$

$$\left(2\pi P_s\left\{\mathrm{Im}\left[\begin{array}{l}\int_{-\infty}^{\infty} fH^*(f)G_{s_0}(f)\mathrm{e}^{\mathrm{j}\pi fdT_c}df\int_{-\infty}^{\infty} H^*(f)G_{s_0}(f)\mathrm{e}^{-\mathrm{j}\pi fdT_c}df\\ -\int_{-\infty}^{\infty} fH(f)G_{s_0}(f)\mathrm{e}^{-\mathrm{j}\pi fdT_c}\mathrm{d}f\int_{-\infty}^{\infty} H^*(f)G_{s_0}(f)\mathrm{e}^{\mathrm{j}\pi fdT_c}\mathrm{d}f\end{array}\right]\right\}\right)^{-2} \tag{4-42}$$

式(4－42)给出了非相干 EMLP 环路的码跟踪精度公式。其中：T_p 为预检积分时间。同样，假设传输过程中信号无失真且为实信号，式(4－42)可以简化为

$$\sigma_{\varepsilon,\mathrm{EML},s1}^2=\sigma_{\varepsilon,\mathrm{EML},s1}^2\left\{1+\frac{\int_{-\infty}^{\infty} G_w(f)G_{s_0}(f)\cos^2(\pi fdT_\mathrm{c})df}{T_\mathrm{p}P_s\left[\int_{-\infty}^{\infty}\mid H(f)\mid G_{s_0}(f)\cos(\pi fdT_\mathrm{c})\mathrm{d}f\right]^2}\right\} \tag{4-43}$$

假设干扰为高斯白噪声，干扰的单边功率谱密度为 N_0，接收机前端带宽是严格带限的，且带宽为 β_r，式(4－43)可以进一步简化为

$$\sigma_{\varepsilon,\mathrm{EML},s2}^2=\sigma_{\varepsilon,\mathrm{EML},s2}^2\left\{1+\frac{\int_{-\beta_\mathrm{r}/2}^{\beta_\mathrm{r}/2} G_{s_0}(f)\cos^2(\pi fdT_\mathrm{c})\mathrm{d}f}{T_\mathrm{p}(P_\mathrm{c}/N_0)\left[\int_{-\beta_\mathrm{r}/2}^{\beta_\mathrm{r}/2}\mid H(f)\mid G_{s_0}(f)\cos(\pi fdT_\mathrm{c})\mathrm{d}f\right]^2}\right\} \tag{4-44}$$

从上面给出的结论中可以看到，EMLP 环路的码跟踪精度公式比 EML 环路的码跟踪精度公式多出了一个大于 1 的乘项，这说明 EMLP 环路的码跟踪精度总是低于 EML 环路的码跟踪精度。对于理想信号，当相关器间隔 $d\to 0$ 且预检积分时间 $T_\mathrm{p}\to\infty$ 时，相干 EML 环路和非相干 EMLP 环路的码跟踪精度具有相同的极限，即

$$\lim_{\substack{d\to 0\\ T_\mathrm{p}\to\infty}}\sigma_\varepsilon^2=B_\mathrm{L}\frac{1}{(2\pi)^2(P_\mathrm{c}/N_0)\left[\int_{-\beta_\mathrm{r}/2}^{\beta_\mathrm{r}/2} f^2G_{s_0}(f)\mathrm{d}f\right]} \tag{4-45}$$

从式(4－45)可以看出，码跟踪精度的极限与信号载噪比、前端带宽均有关。信号的前端带宽对码跟踪精度极限的影响包含在了一个积分中，如下式所示：

$$\Delta f_{\mathrm{Gabor}}=\sqrt{\int_{-\beta_\mathrm{r}/2}^{\beta_\mathrm{r}/2} f^2G_{s_0}(f)\mathrm{d}f} \tag{4-46}$$

这个积分称为 Gabor 带宽。Gabor 带宽与信号的功率谱有关，导航信号中远离载波频率处的能量越多，其 Gabor 带宽越大，信号的码跟踪精度也越高。

4.2.2　抗干扰性能

一般使用“等效载噪比”来衡量干扰对信号跟踪性能的影响，即在等效载噪比条件下信号具有和混合白噪声及干扰条件下相同的码跟踪性能。文献[18]给出了基于谱分离系数的等效载噪比计算方法。谱分离系数定义为

$$\chi_{J,s}=\int_{-\beta_\mathrm{r}/2}^{\beta_\mathrm{r}/2} f^2G_J(f)G_{s_0}(f)\mathrm{d}f \tag{4-47}$$

1. 相干 EML 跟踪环路抗干扰性能分析

Ward P. W. 定义了干扰条件下接收机相关输出等效载噪比的概念。为了计算干扰的等效载噪比，假设信号是实信号并且信号在传播过程中无失真，且接收机前端是带限的，根据式(4-39)和式(4-40)，可以得到如下等式：

$$\frac{B_L\int_{-\beta_r/2}^{\beta_r/2} G_w(f)G_{s_0}(f)\sin^2(\pi f d T_c)\mathrm{d}f}{(2\pi)^2 P_s\left\{\int_{-\beta_r/2}^{\beta_r/2} fG_{s_0}(f)\mid H(f)\mid \sin(\pi f d T_c)\mathrm{d}f\right\}^2} = \frac{B_L\int_{-\beta_r/2}^{\beta_r/2} G_{s_0}(f)\sin^2(\pi f d T_c)\mathrm{d}f}{(2\pi)^2 (P_c/N_0)\left\{\int_{-\beta_r/2}^{\beta_r/2} fG_{s_0}(f)\mid H(f)\mid \sin(\pi f d T_c)\mathrm{d}f\right\}^2} \tag{4-48}$$

又有 $2P_s=P_c$，对式(4-48)进行整理得

$$(N_0)_{\mathrm{eff,EML}} = \frac{2\int_{-\beta_r/2}^{\beta_r/2} G_w(f)G_{s_0}(f)\sin^2(\pi f d T_c)\mathrm{d}f}{\int_{-\beta_r/2}^{\beta_r/2} G_{s_0}(f)\sin^2(\pi f d T_c)\mathrm{d}f} = \frac{2P_J\int_{-\beta_r/2}^{\beta_r/2} G_J(f)G_{s_0}(f)\sin^2(\pi f d T_c)\mathrm{d}f}{\int_{-\beta_r/2}^{\beta_r/2} G_{s_0}(f)\sin^2(\pi f d T_c)\mathrm{d}f} \tag{4-49}$$

式中：P_J 为干扰功率；G_J 为归一化干扰功率谱密度。式(4-49)得到的是单边带等效噪声功率谱密度。如果考虑信号中存在高斯白噪声，即 $G_w(f)=N_0+P_JG_J(f)$，则通过类似的推导可以得到

$$(N_0)_{\mathrm{eff,EML}} = N_0 + 2P_J\eta_{J,S} \tag{4-50}$$

其中：码跟踪谱灵敏度系数 $\eta_{J,S}$ 为

$$\eta_{J,S} = \frac{\int_{-\beta_r/2}^{\beta_r/2} G_J(f)G_{s_0}(f)\sin^2(\pi f d T_c)\mathrm{d}f}{\int_{-\beta_r/2}^{\beta_r/2} G_{s_0}(f)\sin^2(\pi f d T_c)\mathrm{d}f} \tag{4-51}$$

在相关器间隔 $d\to 0$ 的情况下可以求得码跟踪谱灵敏度系数的极限为

$$\lim_{d\to 0}\eta_{J,S} = \frac{\int_{-\beta_r/2}^{\beta_r/2} f^2 G_J(f)G_{s_0}(f)\mathrm{d}f}{\int_{-\beta_r/2}^{\beta_r/2} f^2 G_{s_0}(f)\mathrm{d}f} = \frac{\chi_{j,s}}{\Delta f_{\mathrm{Gabor}}} \tag{4-52}$$

采用与相干 EML 分析过程类似的方法，也可以得到 EMLP 跟踪环路的等效载噪比计算公式，但是得到的结论非常复杂，不如 EML 环路的结论那么简洁。从推导的结果可知，EMLP 环路的等效载噪比与信道特性、预检积分时间、相关器间隔、接收机前端带宽、接收信号功率、干扰信号功率以及两者的功率谱密度均有关，此处不再给出相应的公式结论。非相干 EMLP 跟踪环路的抗干扰性能不能再简单地使用传统的等效载噪比计算公式得到的结果进行衡量，最好采用仿真的手段或者式(4-42)对非相干 EMLP 跟踪环路的抗干扰性能进行分析。

2. 抗干扰品质因数

在强干扰条件下信号等效载噪比近似为

$$\left(\frac{C}{N_0}\right)_{\text{eff}}=\frac{C}{J}\frac{\int_{-\beta_r/2}^{\beta_r/2}f^2G_{s_0}(f)\mathrm{d}f}{2\int_{-\beta_r/2}^{\beta_r/2}f^2G_J(f)G_{s_0}(f)\mathrm{d}f} \tag{4-53}$$

定义抗干扰品质因数为

$$Q=10\lg\left[\frac{\int_{-\beta_r/2}^{\beta_r/2}f^2G_{s_0}(f)\mathrm{d}f}{\int_{-\beta_r/2}^{\beta_r/2}f^2G_J(f)G_{s_0}(f)\mathrm{d}f}\right] \tag{4-54}$$

4.3 兼 容 性

下面采用谱分离系数和码跟踪谱灵敏度系数作为兼容性评价的中间指标，从而更加直接地对比不同信号选项在兼容性方面的差别。

4.3.1 谱分离系数

解调性能取决于接收信号的信噪比$\left(\frac{E_b}{N_0}\right)_{\text{eff}}$和编码性能，在强干扰条件下：

$$\left(\frac{E_b}{N_0}\right)_{\text{eff}}=\frac{C}{R_d(N_0+J\chi_{J,S})}\approx\frac{C}{J}\frac{1}{R_d\chi_{J,S}} \tag{4-55}$$

式中：R_d 为信息速率；$\chi_{J,S}$为干扰与信号之间的谱分离系数，即定义谱分离系数为

$$\chi_{J,S}=\int_{-\beta_r/2}^{\beta_r/2}G_J(f)G_S(f)\mathrm{d}f \tag{4-56}$$

式中：β_r 为接收带宽；$G_J(f)$和 $G_S(f)$分别为干扰信号和有用信号在各自的发射带宽内归一化的功率谱密度。剥离信息层面上的编码因素，解调抗干扰能力与$\frac{1}{R_d\chi_{J,S}}$成正比。因此，定义解调抗干扰品质因数为

$$Q_{\text{DemAJ}}=10\lg\left(\frac{1}{R_d\chi_{J,S}}\right) \tag{4-57}$$

对窄带干扰，干扰功率谱密度建模为

$$G_J(f)=\delta(f-f_J) \tag{4-58}$$

式中：f_J 为干扰频率相对信号载波频率的偏移量，结合式(4-56)～式(4-58)可知，窄带干扰的效果取决于信号的归一化功率谱密度。当窄带干扰的频率对应信号功率谱的最大值时，对解调性能的干扰效果最为明显，在以最大干扰效果进行干扰这种极度情况下，将解调抗干扰品质因数定义为解调抗窄带干扰品质因数，可表达为

$$Q_{\text{DemAJNW}}=10\lg\left(\frac{1}{R_d\max[G_S(f)]}\right) \tag{4-59}$$

对于匹配干扰，$G_J(f)=G_S(f)$，则解调抗匹配谱干扰品质因数为

$$Q_{\text{DemAJNS}}=10\lg\left(\frac{1}{R_d\int_{-\beta_r/2}^{\beta_r/2}G_S^2(f)\mathrm{d}f}\right) \tag{4-60}$$

4.3.2 码跟踪谱灵敏度系数

对于相干 EML 码跟踪环路，干扰条件下的等效载噪比为

$$\left(\frac{C}{N_0}\right)_{\text{eff}} = \frac{C}{N_0 + J\eta_{J,S}} \tag{4-61}$$

其中：$\eta_{J,S}$为码跟踪谱灵敏度系数，其定义式为

$$\eta_{J,S} = \frac{\int_{-\beta_r/2}^{\beta_r/2} G_J(f)G_S(f)\sin(\Delta\pi f)^2 \mathrm{d}f}{\int_{-\beta_r/2}^{\beta_r/2} G_S(f)\sin(\Delta\pi f)^2 \mathrm{d}f} \tag{4-62}$$

当相关器取值很小，即 $\Delta \to 0$ 时，有

$$\eta_{J,S} = \frac{\int_{-\beta_r/2}^{\beta_r/2} f^2 G_J(f)G_S(f)\mathrm{d}f}{\int_{-\beta_r/2}^{\beta_r/2} f^2 G_S(f)\mathrm{d}f} \tag{4-63}$$

强干扰条件下，等效载噪比近似为

$$\left(\frac{C}{N_0}\right)_{\text{eff}} \approx \frac{C}{J}\frac{1}{\eta_{J,S}} \approx \frac{C}{J}\frac{\int_{-\beta_r/2}^{\beta_r/2} f^2 G_J(f)G_S(f)\mathrm{d}f}{\int_{-\beta_r/2}^{\beta_r/2} f^2 G_S(f)\mathrm{d}f} \tag{4-64}$$

可见，码跟踪抗干扰能力与$\frac{1}{\eta_{J,S}}$成正比。因此，可以定义码跟踪抗干扰品质因数为

$$Q_{\text{CTAJ}} = 10\lg\left(\frac{\int_{-\beta_r/2}^{\beta_r/2} f^2 G_J(f)G_S(f)\mathrm{d}f}{\int_{-\beta_r/2}^{\beta_r/2} f^2 G_S(f)\mathrm{d}f}\right) \tag{4-65}$$

结合窄带干扰和匹配谱干扰的功率谱特性，采用与解调抗干扰品质因数类似的定义方法，可得码跟踪抗窄带干扰品质因数为

$$Q_{\text{CTAJNW}} = 10\lg\left(\frac{\int_{-\beta_r/2}^{\beta_r/2} f^2 G_J(f)G_S(f)\mathrm{d}f}{\max[f^2 G_S(f)]}\right) \tag{4-66}$$

码跟踪抗匹配谱干扰品质因数为

$$Q_{\text{CTAJMS}} = 10\lg\left(\frac{\int_{-\beta_r/2}^{\beta_r/2} f^2 G_S(f)\mathrm{d}f}{\int_{-\beta_r/2}^{\beta_r/2} f^2 G_S^2(f)\mathrm{d}f}\right) \tag{4-67}$$

4.4 时域评估方法

从时域入手对信号质量进行评估，主要考察信号的载噪比，同时可以从数字畸变和模拟畸变的角度对基带码片波形的畸变程度进行考察。

4.4.1 载噪比

信号的质量通常用信噪比 SNR 来衡量，它定义为信号功率 P_0 和噪声功率 N 之间的比率，即

$$\mathrm{SNR} = \frac{P_0}{N} \tag{4-68}$$

SNR 没有单位，用分贝的形式表示。SNR 越高，则信号的质量越好。

信噪比影响着接收机的信号捕获和跟踪性能。

电路中带电粒子的热运动形成噪声，通常将噪声功率用一个大小相同的热噪声功率所对应的温度 T 来表示，即 $N=kTB_n$。N 的单位为瓦特(W)，T 的单位为开尔文(K)，B_n 是以 Hz 为单位的噪声带宽，玻尔兹曼常数 $k=1.38\times10^{-23}$ J/K。

由于噪声功率 N 和相应的信噪比与噪声带宽 B_n 有关，所以每次给定一个信噪比值，一般应当指出其所采用的噪声带宽值。这就定义了载波噪声比 $\frac{C}{N_0}$，即载噪比，其大小与接收机所采用的噪声带宽 B_n 无关，有利于不同接收机性能对比。其定义如下：

$$\frac{C}{N_0} = \frac{P_0}{N_0} \tag{4-69}$$

$\frac{C}{N_0}$的单位为 Hz 或者 dBHz，N_0 的单位为 W/Hz 或者 dBW/Hz，即 $N_0=kT$。

而$\frac{N_0}{2}$为噪声频谱功率密度。因为噪声带宽 B_n 通常代指单边频谱带宽值，所以噪声频谱功率密度也就相应地定义为$\frac{N_0}{2}$，1/2 用来强调此噪声频谱功率密度值，代指单边。由于信号的正、负双边频带总宽为 $2B_n$，所以噪声功率 N 就等于$\frac{N_0}{2}$乘以 $2B_n$，即 $N=N_0B_n$。

因此可以得到信噪比和载噪比的关系为

$$\frac{C}{N_0} = \mathrm{SNR}\times B_n \tag{4-70}$$

对于一般的接收机来说，N_0 的典型值为－205 dBW/Hz，载波 L1 上－160 dBW 的 C/A 码信号标称最低接收功率相当于 45 dBHz 的载噪比。室外 GPS 接收信号的值大致在 35～55 dBHz，其中大于 40 dBHz 的一般可以视为强信号，小于 28 dBHz 的则被视为弱信号。

4.4.2 码片畸变

自从 1993 年 GPS 的 SV19 卫星出现故障，人们对全球导航卫星系统(Global Navigation Satellite System, GNSS)信号故障模型展开了大量的分析研究。Robert E. P. 博士在文献[54]中提出了“2nd-OrderStep”(2OS)模型描述码片畸变特性，将可能的故障信号归纳为三种类型：数字畸变、模拟畸变和混合畸变。数字畸变主要产生于卫星信号生成单元的数字电路部分。其产生原因主要是电子器件的响应存在一定的延迟，从而使得码片正、负码波形宽度不一致。码片边缘的超前和滞后量通常的取值范围为[－0.12，0.12]chips。图 4－3

给出了码片下降沿滞后 0.2 个码片的情况，其中实线表示受到数字畸变的信号，而虚线表示理想信号。数字畸变独立于模拟电路，会使接收信号相关峰扩展和平移，对信号的跟踪产生较大影响，本章的后半部分将讨论数字畸变对信号测距性能的影响。

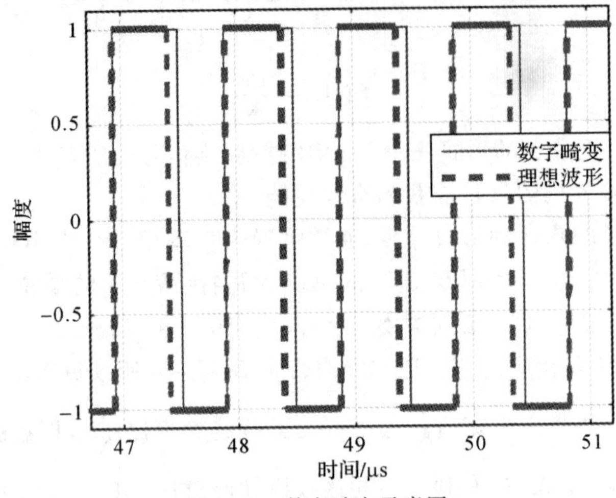

图 4-3　数字畸变示意图

模拟畸变是由卫星及接收端模拟器件的非理想特性造成的，会使得码片波形幅度振荡，自相关峰曲线扭曲变形，对信号的测距性能造成影响。模拟失真独立于数字失真，常常采用“振铃”来模拟输入信号的失真模式，具体可以用 2 个参数(振荡的衰减频率 f_d 和衰减阻尼因子 σ)来描述。

$$e(t)=\begin{cases}0, t\leqslant 0\\ 1-\mathrm{e}^{-\sigma t}\left(\cos\omega_d t+\dfrac{\sigma}{\omega_d}\sin\omega_d t\right), t>0\end{cases} \tag{4-71}$$

震荡衰减频率 f_d 的取值通常在 3～14 MHz 以内，而衰减阻尼因子的取值区间为0.8～8.8。图 4-4 给出了在不同参数取值条件下基带波形的畸变，实线代表受到模拟畸变的信号，虚线代表理想信号。对比几张图可以看出：若 f_d 相同，σ 的值越大，则波形抖动幅度趋于零的速度越快。

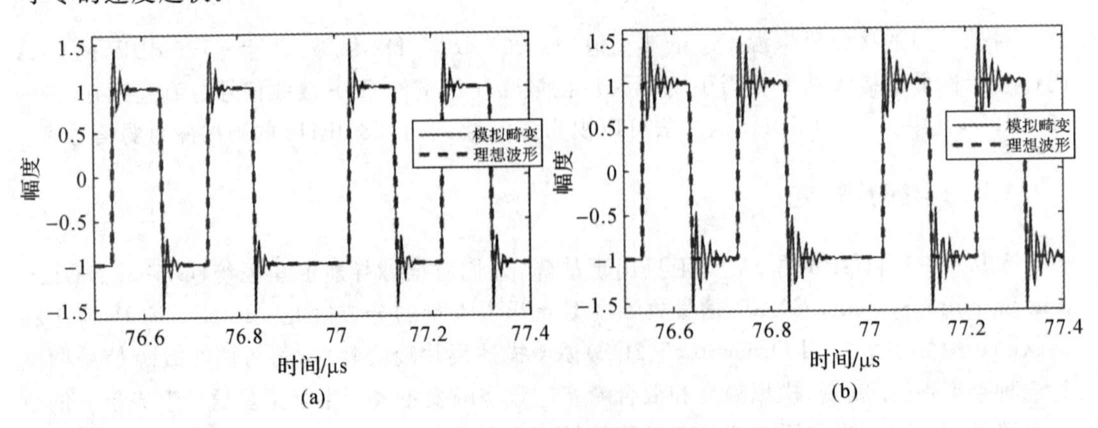

图 4-4　模拟畸变示意图

(a) f_d=7.00 MHz，σ=8.00；(b) f_d=7.00 MHz，σ=4.00

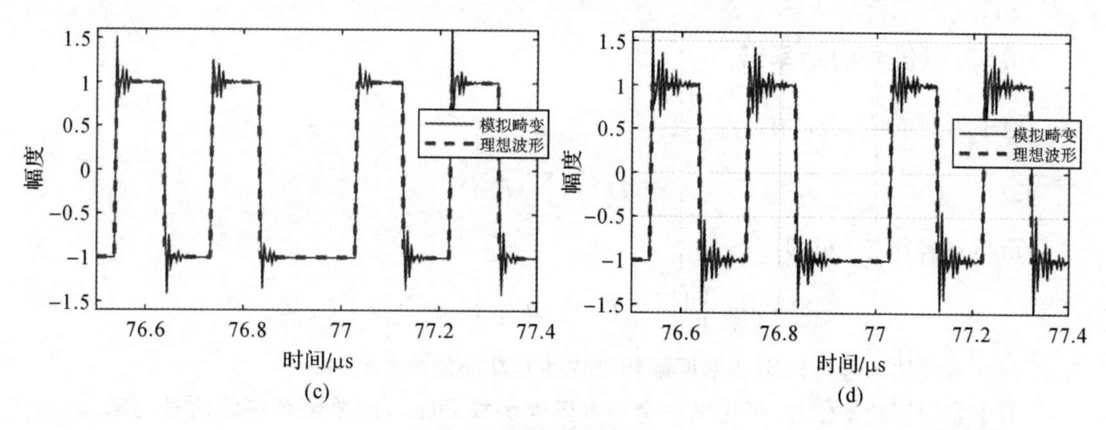

续图 4-4　模拟畸变示意图

(c) f_d=14.00 MHz,σ=8.00;(d) f_d=14.00 MHz,σ=4.00

混合畸变是数字畸变和模拟畸变的混合,也是实际中可能会发生的情况。图 4-5 给出了混合畸变的基带波形,畸变参数为 $d=0.02$, $f_d=14$ MHz, $\sigma=4$。

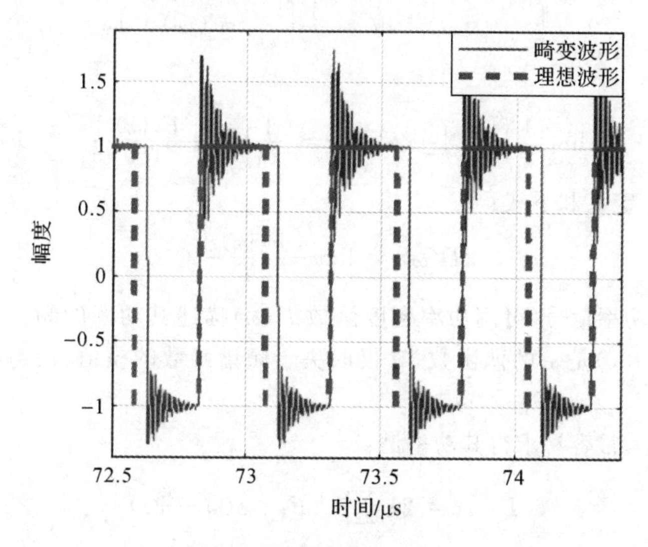

图 4-5　混合畸变示意图

4.5　频域评估方法

从频域入手对通信信号进行评估,可以直观地分析信号质量的好坏。例如,通过分析信号的功率谱可以考察信号是否受到明显的干扰,是否存在载波泄露现象,功率谱是否对称,信号带宽、中心频率是否正确,实际功率谱包络与理想功率谱包络的拟合程度等。计算功率谱的方法有很多,可以直接通过傅里叶变换得到信号的频谱,将信号频谱与自身的共轭相乘就得到了信号的功率谱估计。另外,根据维纳-辛钦定理,还可以利用信号的自相关函数对其功率谱进行估计。为了更精细地估计信号功率谱包络,提高功率谱包络的平滑性,减小“截断”效应的影响,本书采用 Welch 周期图法对信号的功率谱进行估计。

4.5.1 信号的功率谱

对于周期信号 $f(t)$，有

$$f(t) = \sum_{n=-\infty}^{\infty} F_n e^{jn\Omega t} \tag{4-72}$$

由功率信号定义可知

$$P = \lim_{T\to 0} \frac{1}{T}\int_{-T/2}^{T/2} [f(t)]^2 dt = F_0^2 + \sum_{n=1}^{\infty} 2 \mid F_n \mid^2 \tag{4-73}$$

因此对周期信号可以用功率振幅频谱描述其功率的频率特性。

对于非周期功率信号，可定义一个功率密度函数 $D(\omega)$，即单位频率的信号功率。从而信号的总功率为

$$P = \frac{1}{2\pi}\int_{-\infty}^{\infty} D(\omega) d\omega = \int_{-\infty}^{\infty} D(2\pi f) df \tag{4-74}$$

若信号 $f(t)$的频谱函数为 $F(j\omega)$，则由帕塞瓦尔定理

$$\int_{-\infty}^{\infty} \mid f(t) \mid^2 dt = \frac{1}{2\pi}\int_{-\infty}^{\infty} \mid F(j\omega) \mid d\omega \tag{4-75}$$

可知

$$P = \lim_{T\to\infty} \frac{1}{T}\int_{-T/2}^{T/2} \mid f(t) \mid^2 dt = \frac{1}{2\pi}\int_{-\infty}^{\infty} \frac{\mid F(j\omega) \mid}{T}\bigg|_{T\to\infty} d\omega \tag{4-76}$$

比较功率信号定义和下式：

$$D(\omega) = \lim_{T\to\infty} \frac{\mid F(j\omega) \mid^2}{T} \tag{4-77}$$

可得：对于非周期功率信号，可用功率密度函数 $D(\omega)$描述其功率的频谱特性，并称为功率谱函数。功率谱 $D(\omega)$是 ω 的偶函数，它仅取决于频谱函数的模值，而与相位无关，单位为瓦·秒(W·s)。

对于周期信号，很容易求得其功率谱：

$$D(\omega) = 2\pi \sum_{n=-\infty}^{\infty} \mid F_n \mid^2 \delta(\omega - n\Omega) \tag{4-78}$$

非周期的功率型信号的自相关函数与其功率谱密度是一对傅里叶变换，即

$$\left.\begin{aligned} D(\omega) &= \int_{-\infty}^{\infty} R(\tau) e^{-j\omega\tau} d\tau \\ R(\tau) &= \frac{1}{2\pi}\int_{-\infty}^{\infty} D(\omega) e^{j\omega\tau} d\omega \end{aligned}\right\} \tag{4-79}$$

简记为 $R(\tau) \Leftrightarrow D(\omega)$，这就是著名的维纳-辛钦定理，是联系时域和频域两种分析的方法。也可以通过先计算信号的自相关函数，再计算其功率谱密度的方法。

4.5.2 Welch 周期图法

Welch 周期图法首先将信号序列 $x(k)$分为 n 个相互重叠的小段，可以用 N_r 表示相邻两个小段间重叠的点数。然后，对每个小段进行加窗、FFT 变换，并对变换后的 n 个结果进

行取平均得到信号的功率谱估计。图 4-6 给出了 Welch 周期图法重叠加窗示意图。

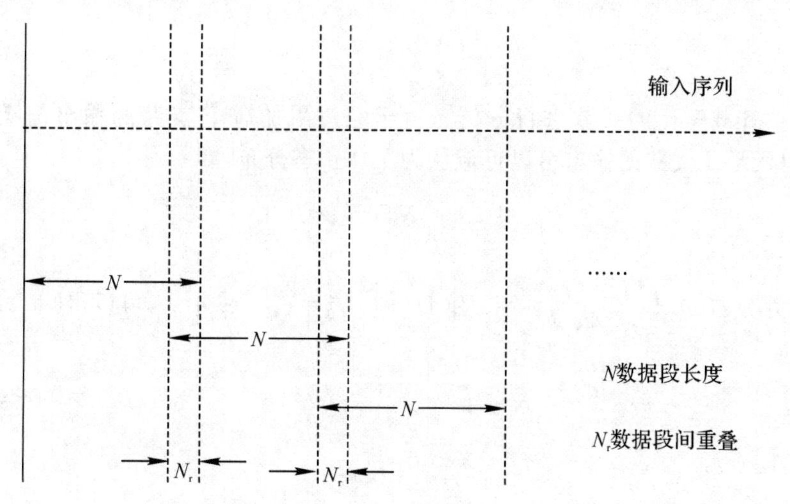

图 4-6　Welch 周期图法重叠加窗示意图

重叠加窗可以使功率谱曲线更为平滑。虽然加窗会带来一定的信噪比损耗，但是此处主要考察功率谱包络是否存在畸变以及和理想功率谱的拟合程度，因此不会对评估造成明显影响。分段数越多，得到的最终结果也就越平滑。同时需要注意的是：由于现代 GNSS 导航信号的带宽较宽，应当采用足够高的采样率以保证功率谱足够宽；进行离散傅里叶变换的点数尽量取为 2 的整次幂，以加快计算速度。载波功率和噪声功率谱密度之比称为载噪比，可以表示为 $\mathrm{CNR}=C/N_0$。载噪比和信噪比的关系可以表示为

$$C/N_0 = \mathrm{SNR} \times B_{\mathrm{n}} \tag{4-80}$$

其中：B_{n} 为待评估信号带宽。

载噪比可以直接反映信号质量，是衡量信号质量好坏的重要参数，可以利用跟踪完成后即时同相支路相关 I_{p} 累加器的输出对信号载噪比进行估计。跟踪完成后，I_{p} 支路的相关累加值由有用信号和噪声构成，假设噪声为窄带高斯噪声，可以表示为

$$I_i = u(i) + n(i) \tag{4-81}$$

式中：$u(i)$为有用信号；$n(i)$为窄带高斯噪声。

取 N 个相干累加值，则累加值的算术平均和样本方差可以表示为

$$|\overline{I}| = \frac{1}{N}\sum_{i=1}^{N} |I_i| \tag{4-82}$$

$$\hat{\sigma}^2 = \frac{1}{N-1}\sum_{i=1}^{N} (|I_i| - |\overline{I}|)^2 \tag{4-83}$$

可以看到，样本方差是对噪声功率的无偏估计，噪声功率可以表示

$$\hat{P}_{\mathrm{n}} = \hat{\sigma}^2 \tag{4-84}$$

算术平均是对信号幅度的无偏估计。经推导，信号功率的无偏估计可以表示为

$$\hat{P}_{\mathrm{s}} = |\overline{I}|^2 - \frac{1}{N}\hat{\sigma}^2 \tag{4-85}$$

综上，可以用下式估计信号的载噪比，其中 T_{coh} 为相干累积时间：

$$C/N_0 = \frac{\hat{P}_{\mathrm{s}}}{T_{\mathrm{coh}}\hat{P}_{\mathrm{n}}} \tag{4-86}$$

下面对估计载噪比的误差进行分析。由于经过累加后 P 支路的输出信噪比很高（$>$ 10 dB），所以码环 I 支路的输出可以近似认为服从正态分布，即

$$|\bar{I}| \sim N\left(u, \frac{1}{N}\sigma^2\right) \tag{4-87}$$

根据卡方分布 $D\left[\left(\frac{|\bar{I}|-u}{\sigma/\sqrt{N}}\right)^2\right]=2$ 和 $D(|\bar{I}|^2)=\frac{2\sigma^4}{N^2}-\frac{4}{N}u^2\sigma^2$，可以得知

$$\hat{\sigma}^2 = \frac{1}{N-1}\sum_{i=1}^{N}(|I_i|^2 - N|\bar{I}|^2) \tag{4-88}$$

$$D\hat{\sigma}^2 = \frac{2\sigma^4}{N-1} \tag{4-89}$$

$$D(\hat{P}_{\mathrm{s}}) = D(|\bar{I}|^2) + \frac{1}{N^2}D\hat{\sigma}^2 = \frac{2\sigma^4}{N(N-1)} - \frac{4}{N}u^2\sigma^2 \tag{4-90}$$

取极限误差为标准差的 3 倍，根据极限误差传播公式，极限误差可表示为

$$\delta = \sqrt{\frac{\delta_{\mathrm{s}}^2}{(T_{\mathrm{coh}}\hat{P}_{\mathrm{n}})^2} + \left(\frac{\hat{P}_{\mathrm{s}}}{T_{\mathrm{coh}}\hat{P}_{\mathrm{n}}^{\,2}}\right)^2\delta_{\mathrm{n}}^2} \tag{4-91}$$

假定对噪声功率和信号功率的估计都是准确的，可以得到

$$\left.\begin{aligned} \delta &= \frac{3}{T_{\mathrm{coh}}}\sqrt{\frac{2}{N-1}\mathrm{SNR}^2 - \frac{4}{N}\mathrm{SNR} + \frac{2}{N(N-1)}} \\ \mathrm{SNR} &= \frac{u^2}{\sigma^2} \end{aligned}\right\} \tag{4-92}$$

式(4-92)表示的是一个绝对误差。通过对式(4-92)进行求导分析可知，随着信号信噪比的增加，载噪比估计值的绝对误差会变大，采用同样的分析方法可以得出，相对误差也会随之变大。取相干积分时间为 1 ms，信号信噪比为 60 dB，当非相干累加次数大于 9 000 个点时，信噪比估计值的绝对误差小于 0.2 dB。

4.5.3 谱安全指数和码跟踪谱安全指数

对于全球卫星导航系统，像 GPS 和 Galileo 还需要考虑国家安全因素，并且放在了极其重要的位置，其重要程度甚至高于传统的兼容性。与传统的兼容性概念不同，国家安全考虑了特定情况下的特定需求，即干扰民用信号和其他系统军用信号的时候不影响本系统军用信号的正常使用。从信号体制的角度出发，国家安全需求具体表现为军民频谱分离和系统间的军军频谱分离。由于有意干扰的强度是远高于常规导航信号的，所以国家安全对谱分离程度的要求要远高于传统的兼容性要求。

在前面的抗干扰能力分析中提到，匹配谱干扰是相对难以剔除的，因此这里假定对干扰目标信号实施匹配谱干扰。如果有用信号和干扰目标信号在频谱上重叠，那么在对目标实施干扰时必然会降低有用信号的性能。但是，只要干扰目标信号受到的干扰程度远大于有

用信号，就很容易实现对目标信号实施有效干扰的同时确保有用信号的安全。干扰目标信号和有用信号受干扰程度的差别越大，有用信号的安全程度越高。为了表征这种情况下有用信号的安全程度，提出谱安全指数(Spectral Safety Index，SSI)和码跟踪谱安全指数(Code Tracking Spectra Safety Index，CTSSI)的概念。谱安全指数定义为

$$\mathrm{SSI}_{s_0,s_1}=10\lg\left(\frac{\int_{-\infty}^{\infty}G_{s_1}^2(f)\mathrm{d}f}{\int_{-\infty}^{\infty}G_{s_0}(f)G_{s_1}(f)\mathrm{d}f}\right) \tag{4-93}$$

式中：s_0 表示有用信号；s_1 表示干扰目标信号；$G_{s_0}(f)$表示有用信号的归一化功率谱；$G_{s_1}(f)$表示干扰有用信号的归一化功率谱。谱安全指数的物理意义为：在针对干扰目标信号实施匹配谱强干扰时，干扰目标信号的捕获、载波跟踪及解调性能的下降程度与有用信号对应性能下降程度之比。注意，这里针对性地从频谱分离的角度考虑安全性，剥离了信息速率和编码对解调性能的影响，即假设干扰目标信号和有用信号的信息速率、编码方式相同。对应地，针对码跟踪过程，码跟踪谱安全指数定义为

$$\mathrm{CTSSI}_{s_0,s_1}=\frac{\int_{-\beta_{r_1}/2}^{\beta_{r_1}/2}f_1^2G_{s_1}^2(f_1)\mathrm{d}f_1}{\int_{-\beta_{r_1}/2}^{\beta_{r_1}/2}f_1^2G_{s_1}(f_1)\mathrm{d}f_1}\times\frac{\int_{-\beta_{r_0}/2}^{\beta_{r_0}/2}f_0^2G_{s_0}^2(f_0)\mathrm{d}f_0}{\int_{-\beta_{r_0}/2}^{\beta_{r_0}/2}f_1^2G_{s_1}(f_0)G_{s_0}(f_0)\mathrm{d}f_0} \tag{4-94}$$

式中：β_{r_0} 表示有用信号的接收带宽；β_{r_1} 表示干扰目标信号的接收带宽。值得注意的是，f_1 以导航信号 s_1 的载波频率为零点，f_0 以导航信号 s_0 的载波频率为零点。码跟踪谱安全指数的物理意义为：在针对干扰目标信号实施匹配谱强干扰时，干扰目标信号的码跟踪性能的下降程度与有用信号码跟踪性能下降程度之比。

定义式(4-93)和式(4-94)表明，有用信号的安全性不仅与有用信号和干扰目标信号之间的谱分离系数、码跟踪谱灵敏度系数有关，还受到干扰目标信号与自身的谱分离系数和码跟踪谱灵敏度的影响。干扰目标信号与自身的谱分离系数、码跟踪谱灵敏度越大，抗匹配谱干扰能力越弱，对它进行有效干扰所需的干扰功率越小，有用信号的安全程度越高；干扰目标信号与有用信号之间的谱分离系数、码跟踪谱灵敏度越小，对干扰目标信号进行干扰时有用信号受到的影响越小，有用信号的安全程度越高。

4.6　调制域评估方法

4.6.1　眼图

眼图是指利用实验的方法估计和改善传统系统性能时在示波器上观察得到的一种图形。信号的眼图可以反映出很多系统性能信息，比如根据眼皮的厚度可以反映信号噪声的大小，根据眼图的形状和迹线分布可以分析眼图中是否存在码间串扰。通常将眼图简化为如图4-7所示的形状，从该图中可以做如下定性和定量的分析：

(1)“眼睛”张开最大时刻即为最佳抽样时刻。可以用“眼图”张开度来衡量其张开程度，其计算公式为$(U-2\Delta U)/U$，其中 U 为信号的幅度，ΔU 为眼皮的厚度。眼皮的厚度反映了

信号噪声的大小。

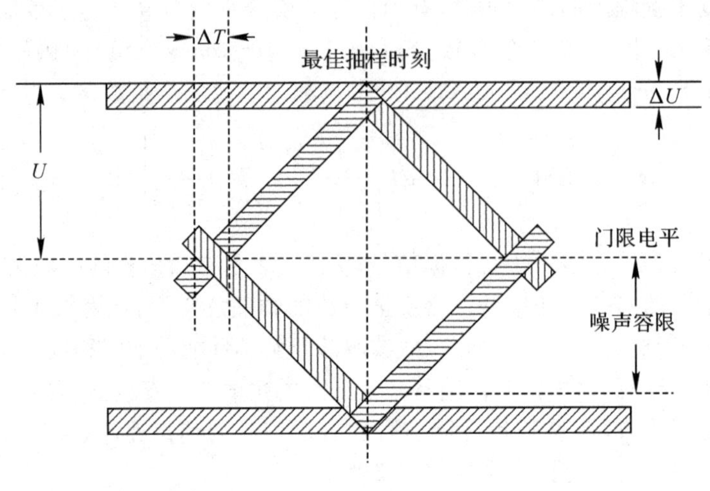

图 4-7 眼图示意图

(2)眼图斜边的斜率决定了定时误差灵敏度。

(3)在抽样时刻,眼图的中央对应判决门限电平,上、下阴影区的距离代表了最大信号畸变,离门限最近的阴影区域至门限的距离表示噪声容限。

(4)眼图倾斜分支与横轴相交的区域大小表示零点位置的变动范围,这个变动范围的大小对提取定时信息有重要影响。可以用交叉点发散度来衡量眼图过零点变动范围的大小,计算方法为 $\Delta T/T_s$,T_s 为码片宽度。

在具体的实现过程中,利用跟踪的结果精确地剥离信号中的载波和多普勒从而得到基带信号,然后将基带信号中的每个码片分别绘制到同一码片周期内就得到了信号的眼图波形。值得说明的是,在没有其他措施的情况下任何干扰都会对眼图造成相当大的影响,以致无法观察到清晰的眼图。文献[20]给出了一种提高基带信号信噪比的方法,其具体的流程为:

(1)对信号进行重采样,使得新采样率是码速率的整数倍,保证每个码片内采样的点数及采样位置都是一致的。

(2)取多个码周期的数据,将每个码周期内相对应的采样点进行累加组合成一个码周期。

值得注意的是,由于不同码周期的伪码间可能存在比特跳变,所以需要对每个码周期调制的比特进行估计。同时文献[20]也指出,这种方法受到多普勒频移的限制无法进行任意长时间的累加,累加平均算法一般只能处理几十秒的中频采样信号。

4.6.2 星座图

卫星导航系统常常利用两个正交的载波在同一个频点上发射两路信号。对于只使用单路信号的一般用户而言,I/Q 支路正交性对信号测距性能的影响较小,只是可能造成信号信噪比的略微下降。而对于联合载波进行跟踪的用户,I/Q 支路的正交误差会带来载波相位的跟踪偏差，降低伪码的跟踪精度，从而对信号的测距性能产生影响。

信号的星座图能够直观地反映信号的调制形式和调制过程中产生的畸变。与眼图的绘制方法类似，首先利用跟踪结果精确地剥离载波和多普勒平移得到基带信号。根据 I/Q 两支路输出的基带信号绘制星座图。同样，按照上述方法绘制的星座图对干扰非常敏感，可以采用累加的方法提高基带信号的信噪比以减小噪声的影响。

除了利用星座图定性地分析信号质量，还可以通过一些参数定量地分析信号的调制性能。

4.6.3　载波相位相对偏差

载波相位相对偏差衡量的是同频点两路信号之间的正交性。为了得到高精度的测量结果，需要对两路信号分别独立地进行跟踪。当两个跟踪环路达到稳态时，将两个接收机输出的载波相位值相减即可得到载波相位误差的估计值。

接收信号时采用高精度的采集设备，ADC 位数可以达到 8 位甚至更高，因此量化误差可以忽略。在软件接收过程中采用双精度浮点数对信号进行计算，计算误差可以忽略。下面考虑噪声的影响。忽略接收装置运动和机械颤动的影响，载波环路跟踪误差可以用热噪声均方差 σ_{tPLL} 和艾兰均方差 $\sigma_{\mathrm{A}}(\tau)$ 引起的均方差 σ_{A} 表示：

$$\sigma_i = \sqrt{\sigma_{\mathrm{tPLL}}^2 + \sigma_{\mathrm{A}}^2} \tag{4-95}$$

$$\sigma_{\mathrm{A}} = 360^\circ \frac{c}{\lambda_1} T_{\mathrm{coh}} \sigma_{\mathrm{A}}(\tau) \tag{4-96}$$

$$\sigma_{\mathrm{tPLL}} = \frac{180^\circ}{\pi} \sqrt{\frac{B_{\mathrm{L}}}{\frac{C}{N_0}} \left(1 + \frac{1}{2T_{\mathrm{coh}} \frac{C}{N_0}} \right)} \tag{4-97}$$

式中：C/N_0 为信号载噪比；T_{coh} 为相干累积时间；B_{L} 为环路带宽；c 为光速；λ_1 为信号波长。

假设取环路带宽为 1 Hz，信号载噪比为 50 dBHz，相关积分时间为 1 ms，艾兰均方差为 10^{-10}，则信号载波相位跟踪误差在 0.2°以内，得到的载波相位相对偏差误差小于 0.4°。

4.6.4　幅度调制平衡度

对于幅度调制平衡度的计算需要作一些推导。假设信号载波频率为 ω_c，初相为 φ_0，载波相位偏差为 φ'，幅度调制不平衡度为 g，则接收信号模型为

$$s(t) = I_{\mathrm{R}}(t)\cos\left(\omega_c t + \varphi_0 + \frac{\varphi'}{2}\right) - gQ_{\mathrm{R}}(t)\sin\left(\omega_c t + \varphi_0 - \frac{\varphi'}{2}\right) \tag{4-98}$$

假设本地同相载波环路已经达到稳定跟踪状态，对载波相位偏差的估计为 $\hat{\varphi}'$，此时 $\hat{\varphi}' \approx \varphi'$，则接收信号与本地同相和正交两路载波相乘并滤波得到

$$\begin{aligned} I_i = s(t)\cos(\omega_c t + \varphi_0 + \hat{\varphi}'/2) &= \frac{1}{2}\left[I_{\mathrm{R}}(t)\cos\frac{\varphi' - \hat{\varphi}'}{2} + gQ_{\mathrm{R}}(t)\sin\frac{\varphi' + \hat{\varphi}'}{2} \right] \\ &\approx \frac{1}{2}[I_{\mathrm{R}}(t) + gQ_{\mathrm{R}}(t)\sin\varphi] \end{aligned} \tag{4-99}$$

$$Q_i = s(t)\sin\left(\omega_c t + \varphi_0 + \frac{\hat{\varphi}'}{2}\right) = -\frac{1}{2}\left[I_R(t)\sin\frac{\varphi' - \hat{\varphi}'}{2} + gQ_R(t)\cos\frac{\varphi' + \hat{\varphi}'}{2}\right]$$
$$\approx -\frac{1}{2}gQ_R(t)\cos\varphi \qquad (4-100)$$

式中：φ 近似为对码相位偏移的估计，在载波相位偏差测量中可以得到。

根据式(4－99)和式(4－100)可以近似得到幅度调制不平衡度的计算公式：

$$g = -\frac{1}{\left(\frac{I_i}{Q_i} + \tan\varphi\right)\frac{Q_R}{I_R}} \qquad (4-101)$$

假定噪声功率为 σ^2，实际两支路信号幅度比为 1，经推导 I_i/Q_i 的极限噪声误差为

$$\delta_i = \pm 3\sqrt{\frac{\sigma^2}{N}\left[\frac{1}{Q_i^2} + \left(\frac{I_i}{Q_i^2}\right)^2\right]} \qquad (4-102)$$

则 g 的相对误差可以表示为

$$\varepsilon = \frac{\sqrt{\delta_i^2 + \left(\frac{\delta_\varphi}{\cos^2\varphi}\right)^2}}{\frac{I_i}{Q_i} + \tan\varphi} \qquad (4-103)$$

由于载波相位偏差通常很小，Q_i 的输出主要为噪声。经计算当信噪比为 20 dB，N 取 20 时，g 的测量精度高于 0.2 dB。

4.6.5 EVM

EVM(Error Vector Magnitude)定义为在给定时刻理想无误差信号与实际接收信号间的矢量差。为了得到理想无误差信号，首先对接收到的信号进行解调、解扩，然后按照相应的信号生成方式对解调处理的比特进行扩频和调制，重现发射端信号。重现信号即为参考信号。最后将参考信号和接收到的信号做矢量差并求统计平均即得到 EVM 值。相应的计算公式为

$$\mathrm{EVM_{RMS}} = 100\% \times \sqrt{\frac{\frac{1}{N}\sum_{i=1}^{N}(|I_i - I_{\mathrm{ref}}| + |Q_i - Q_{\mathrm{ref}}|)}{S_{\max}^2}} \qquad (4-104)$$

式中：I_i 和 Q_i 为接收信号；I_{ref} 和 Q_{ref} 为参考信号；$S_{\max}$ 是理想信号星座图最远状态的矢量幅度。

4.7 相关域评估方法和一致域评估方法

在相关域评估信号，可以直观地衡量信号畸变对测距性能的影响，这也是导航信号质量评估中最为重要的评估内容之一。可以利用相关域评估方法分析某些畸变对信号测距性能的影响。为了得到卫星信号的自相关曲线，首先定义自相关函数：

$$\mathrm{CCF}(\tau)=\frac{\int_0^{T_p} s_R(t)s_{ref}(t-\tau)\mathrm{d}t}{\sqrt{\left(\int_0^{T_p} |s_R(t)|^2\mathrm{d}t\right)\left(\int_0^{T_p} |s_{ref}(t-\tau)|^2\mathrm{d}t\right)}} \tag{4-105}$$

式中：$s_R(t)$为剥离载波后的接收信号；$s_{ref}(t-\tau)$为本地产生的参考信号；τ 为本地信号相对于接收信号的时延；T_p 为相干累积时间，通常取一个码周期或码周期的整倍数。

在实际处理过程中，需要首先借助跟踪结果剥离信号中的载波，同时确定相关峰的位置。由于分母上需要计算多个时延 τ 下的相关值，所以可以采用 FFT/IFFF 替代逐次相关运算的方法来加快运算速度。但是这种替代方法受到采样率的限制，如果采样率不够高，那么得到的相邻两个相关结果间的时延可能过大，这会使得相关峰的细节缺失。同时，为了减轻噪声的影响，通常取多条相关峰求平均值。

卫星数字电路、射频故障、传播环境的干扰、接收端故障都会造成相关峰畸变，从而产生测距误差。为了定量地分析信号相关峰的畸变程度，从如下几个方面进行衡量。

4.7.1　相关损耗

相关损耗即指实际接收信号相关峰值与同样带宽下理想信号相关峰值之差。根据式(4－105)可以直接给出相关损耗的计算方法：

$$\mathrm{Peak}=\max[20\lg(|\mathrm{CCF}(\tau)|)] \tag{4-106}$$

$$\mathrm{CorrLoss}=\mathrm{Peak}_{ideal}-\mathrm{Peak}_{Real} \tag{4-107}$$

根据上述方法计算出的相关损耗会受到多路复用的影响，例如 QPSK 信号中调制了两路信号，单路信号的能量占总能量的一半，因此即使是未受干扰的理想信号也会出现 3 dB 的相关损耗。相关损耗越大，要求接收机的捕获/跟踪灵敏度越高，使信号的接收性能下降。

4.7.2　S 曲线偏差

理想信号码环鉴相曲线(S 曲线)的零点，即码环的锁定点，位于码跟踪误差为零处。然而，由于实际中信号的传输失真、干扰等因素影响，码环锁定点会出现偏差。以非相干超前减滞后功率型鉴相器为例，设相关器超前减滞后间距为 δ，则 S 曲线可表示为

$$\mathrm{SCurve}(\varepsilon\delta)=\left|\mathrm{CCF}\left(\varepsilon-\frac{\delta}{2}\right)\right|^2-\left|\mathrm{CCF}\left(\varepsilon+\frac{\delta}{2}\right)\right|^2 \tag{4-108}$$

利用式(4－108)以及计算出的相关函数就可以构造信号实际的 S 曲线，从而根据式(4－108)可以计算得到 S 曲线锁定点 $\varepsilon_{bias}(\delta)$偏差：

$$\mathrm{SCurve}[\varepsilon_{bias}(\delta)\delta]=0 \tag{4-109}$$

通过衡量不同相关器间隔下信号的 S 曲线偏差，可以实时地监测信号的测距性能。由于实际接收处理过程中很难获知准确的信号时延(因为存在跟踪误差)，绘制出的 S 曲线多少都会存在一定的偏差，所以根据 S 曲线得到的 S 曲线锁定点偏差也存在误差。但是在较短时间内这个误差可以看作是恒定的，可以采用 S 曲线偏差的概念来衡量信号的跟踪性能。S 曲线的计算方法如下，即最大锁定点偏差与最小锁定点偏差间的差值：

$$\mathrm{SCB}=\max[\varepsilon_{bias}(\delta)]-\min[\varepsilon_{bias}(\delta)] \tag{4-110}$$

4.7.3 对称性及变形

根据跟踪的原理不难发现，信号自相关峰对称性的丧失将会对信号的跟踪产生非常大的危害。相关峰的对称性可以采用左、右面积比或者左、右两侧相关曲线对应点之差来表示。“归一化二阶矩”用来衡量相关峰波形的畸变程度。假设相关函数可以表示为 $p_\tau = f(\tau)$，p 为相关结果，τ 为本地信号相对于接收信号的时延，单位为码片。对于理想信号，τ 取 0 时 p 取最大值。那么归一化二阶矩的计算公式为

$$Z = \frac{\sum_{i=1}^{N} |\tau_i p_{\tau_i}|}{\max(p)} \tag{4-111}$$

4.7.4 码与载波的一致性

信号一致性的评估主要衡量同一卫星产生的载波和伪码、伪码与伪码相位之间的相对抖动情况。无论是载波相位还是伪码相位出现较大抖动，都会对伪距的测量产生直接的影响。当同一颗卫星产生的不同信号成分之间的相位发生较大差异时，可以判定至少有一个信号成分的相位出现了较大畸变，可以及时地对用户预警并展开故障排查工作。正如前面所说，相位抖动可以通过伪距测量的抖动体现，同时由于接收机载波相位观测量的输出值并不是绝对的载波相位输出，所以在实际评估过程中通常利用伪距增量差来评估码相位与载波相位、码相位与码相位之间的相对稳定性。

$\Delta\rho_N$ 和 $\Delta\phi_N$ 分别为码伪距和载波伪距相邻两个伪距测量结果之差，可以称其为伪距增量。利用两个伪距增量的差值 $\Delta\rho_N - \Delta\Phi_N$ 即可衡量两者相位间的相对稳定性：

$$\Delta\rho_N = \rho_{N+1} - \rho_N \tag{4-112}$$

$$\Delta\Phi_N = \Phi_{N+1} - \Phi_N \tag{4-113}$$

载波测出的相对距离为

$$\Phi_N = \frac{\psi_N c}{f_0 + f_{\text{dop}}} \tag{4-114}$$

式中：ψ_N 为载波相位输出；c 为光速；f_0 和 f_{dop} 分别为标称信号中频和实际信号的多普勒频移。

值得说明的是，为了保证载波相位和码相位测量值的相互独立性，在接收处理过程中既不能使用载波相位来平滑码伪距，也不能使用载波环辅助的方法减轻码环的动态应力。

4.7.5 测距码间一致性

评估同一卫星不同频点测距码间的相对延迟时，需要去除电离层的影响。假设卫星在 i 和 j 频点上均发射信号，根据双频电离层误差修正方法，i 频点和 j 频点无电离层误差的码伪距可以分别表示为

$$\tilde{\rho}_i = \rho_i + \lambda_i^2 \frac{\Phi_j - \Phi_i}{\lambda_j^2 - \lambda_i^2} \tag{4-115}$$

$$\tilde{\rho}_j = \rho_j + \lambda_j^2 \frac{\Phi_i - \Phi_j}{\lambda_i^2 - \lambda_j^2} \tag{4-116}$$

式中：λ_i 和 λ_j 分别为两个频点的载波波长；Φ_i 和 Φ_j 是以距离为单位的两个频点载波相位观测值；ρ 和 $\tilde{\rho}$ 分别为电离层误差修正前和修正后的伪距测量值。

不同频点测距码一致性可以用电离层修正后的伪距增量差来衡量，而相同频点间不同测距码间的相位一致性直接利用未经电离层修正的伪距增量差来衡量即可。

4.8　本章小结

本章分别从评估参数、兼容性、时域、频域、调制域、相关域和一致域介绍了通信系统中传输的信号质量评估参数和方法，详细介绍了评估指标的推导过程、评估指标的计算方法以及相应计算方法的精度分析。为了衡量每种评估要素对信号测距性能的影响，本章首先重点分析了通信系统中常用到的环路结构相干 EML 码环路和非相干 EMLP 环路的跟踪精度以及抗干扰性能。接着针对兼容性的评估提出谱分离系数和码跟踪谱灵敏度系数的定义以及计算方法。之后，分别从不同角度的域中提出评估信号的方法。在时域中，用载噪比和码片畸变程度反映信号传输质量好坏和信号跟踪的影响；在频域中，通过分析信号的功率谱可以考察信号是否受到明显的干扰，并采用 Welch 周期图法对信号的功率谱进行估计。之后，出于对全球卫星导航系统需要对国家安全因素的考虑，提出了谱安全指数和码跟踪谱安全指数的概念，在调制域中，提出了眼图、星座图、载波相位偏差以及 EVM 等信号评估参数。最后在相关域(包含一致域)中，讲述相关损耗、S 曲线偏差、对称性码与载波的一致性的具体计算和评估方法。

4.9　思考题

1. 影响相干 EML 码跟踪环路跟踪精度的因素有哪些？EMLP 环路与 EML 环路的码跟踪精度有什么差别？

2. 可以采用哪两个指标作为兼容性评价，从而可以直接地对比不同信号选项在兼容性方面的差别？

3. 信噪比和载噪比的含义分别是什么？两者之间存在怎样的关系？

4. 为了更精细地估计信号功率谱包络，提高功率谱包络的平滑性，减小“截断”效应的影响，应该采取什么方法对信号的功率谱进行估计？该方法的基本原理是什么？

5. 调制域评估方法有哪些？相关域评估方法有哪些？

第5章　信道的评估及其评估参数

5.1　引　　言

在一般通信系统中,各类信号从发射端发送出去以后,在到达接收端之前经历的所有路径,统称为信道。其中,如果传输的是无线信号,则电磁波所经历的路径,称为无线信道。信号从发射天线到接收天线的传输过程中,会经历各种复杂的传播路径,包括直射路径、反射路径、衍射路径、散射路径以及这些路径的随机组合。同时,电波在各条路径的传播过程中,有用信号会受到各种噪声的污染,包括加性噪声(如高斯白噪声)、乘性噪声的污染,因此会出现不同情形的损伤,严重时,会使有用信号难以恢复。无线信号在传播过程中,不仅存在自由空间固有的传输损耗,还会受到由于建筑物、地形等的阻挡而引起信号功率的衰减,这种衰减还会由于移动台的运动和信道环境的改变出现随机的变化。本章将对通信信道中的时延扩展、相关带宽、多普勒扩展、相关时间、衰落特征进行分析。除此之外,由于通信天气情况的差异也会影响通信信道的好坏,本章最后一节会以 Ka 频段卫星通信信道为例,重点分析降雨对卫星通信性能的影响。

5.2　信道的时延扩展和相干带宽

信号在多径媒质的信道上传输时会引入时延扩展和信道的时变性,时变导致多径特性随时间而变。若在时变多径信道上传输极短的脉冲(理想为冲激),接收信号将表现为一串脉冲,且可看到接收脉冲串的各个脉冲大小和脉冲间相对延时的变化,以及脉冲数量的变化。下面从无线信道的等效低通信道的时变冲激响应 $c(\tau,t)$ 的相关函数和功率密度谱函数出发,给出广义平稳相关散射(WSSUS)的无线信道的信道参数。离散多径分量和连续多径的等效低通信道的时变冲激响应可分别表示为

$$c(\tau,t)=\sum_{n}\alpha_n(t)\mathrm{e}^{-2\pi f_c\tau_n(t)}\delta[\tau-\tau_n(t)] \tag{5-1}$$

$$c(\tau,t)=\alpha(\tau,t)\mathrm{e}^{-2\pi f_c\tau} \tag{5-2}$$

式中:$c(\tau,t)$ 表示 $t-\tau$ 时刻施加的冲激在 t 时刻的信道响应。由于信道的相关函数和功率密度谱函数可定义多径衰落信道特征,等效低通冲激响应 $c(\tau,t)$ 可表征为以 t 为变量的复随机过程。设 $c(\tau,t)$ 是广义平稳(WSS)的,则它的自相关函数为

$$\phi_c(\tau_1,\tau_2,\Delta t)=\frac{1}{2}E[c^*(\tau_1,t)c(\tau_2,t+\Delta t)] \tag{5-3}$$

在大多数无线传输媒质中，与路径延时 τ_1 相关联的信道衰减和相移同与路径延时 τ_2 相关联的信道衰减和相移是不相关的，称为非相关散射(US)。若信道为 US，式(5-3)可化为

$$\phi_c(\tau_1,\tau_2,\Delta t)=\phi_c(\tau_1,\Delta t)\delta(\tau_1-\tau_2) \tag{5-4}$$

式中：$\phi_c(\tau,\Delta t)$给出的平均输出功率是延时 τ 和观测时间差 Δt 的函数，令 $\Delta t=0$，则自相关函数 $\phi_c(\tau,0)=\phi_c(\tau)$就是信道平均输出功率，是延时 τ 的函数，将 $\phi_c(\tau)$称为信道的多径强度分布或延时功率谱。实际中可通过发送很窄的脉冲(或者等效地发送某一宽带信号)并用接收信号与其延时信号的互相关来测量。图 5-1(a)表示出 $\phi_c(\tau)$随 τ 变化的关系，称 $\phi_c(\tau)$非零值的 τ 的基本范围为信道多径扩展，记为 T_m。

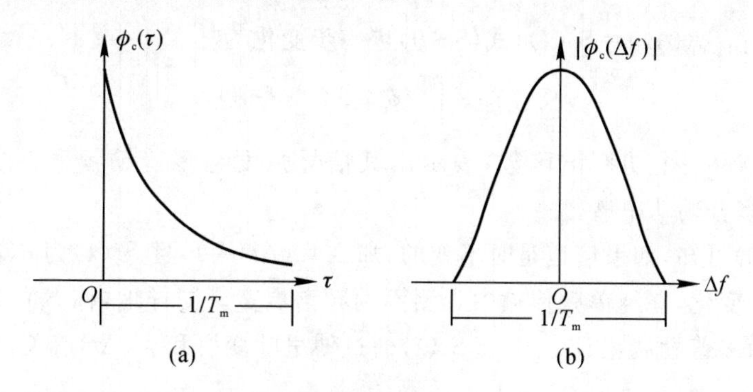

图 5-1　$\phi_c(\tau)$随 τ 变化的关系以及$|\phi_c(\Delta f)|$随 Δf 变化的关系

取 $c(\tau,t)$的傅里叶变换，可得到时变转移函数 $C(f,t)$，即

$$C(f,t)=\int_{-\infty}^{\infty}c(\tau,t)\mathrm{e}^{-\mathrm{j}2\pi f\tau}\mathrm{d}\tau \tag{5-5}$$

如果 $c(\tau,t)$建模是以 t 为变量的零均值复高斯随机过程，那么 $C(f,t)$也具有相同的统计特性。设信道为 WSS，定义 $C(f,t)$的自相关函数为

$$\phi_c(f_1,f_2,\Delta t)=\frac{1}{2}E[c^*(f_1,t)c(f_2,t+\Delta t)] \tag{5-6}$$

因为 $C(f,t)$是 $c(\tau,t)$的傅里叶变换，所以很容易得到 $\phi_c(f_1,f_2,\Delta t)$和 $\phi_c(\tau,\Delta t)$的关系，将式(5-5)代入式(5-6)得到

$$\begin{aligned}\phi_c(f_1,f_2,\Delta t)&=\frac{1}{2}\int_{-\infty}^{\infty}\int_{-\infty}^{\infty}E[c^*(f_1,t)c(f_2,t+\Delta t)]\mathrm{e}^{\mathrm{j}2\pi(f_1\tau_1-f_2\tau_2)}\mathrm{d}\tau_1\mathrm{d}\tau_2\\&=\int_{-\infty}^{\infty}\phi_c(\tau_1,\Delta t)\mathrm{e}^{\mathrm{j}2\pi\Delta f\tau_1}\mathrm{d}\tau_1=\phi_c(\Delta f,\Delta t)\end{aligned} \tag{5-7}$$

式中：$\Delta f=f_2-f_1$，可以看出 $\phi_c(\Delta f,\Delta t)$是多径强度分布的傅里叶变换，设信道为 US，意味着 $C(f,t)$的频域自相关函数仅是 $\Delta f=f_2-f_1$ 的函数，因此，可以将 $\phi_c(\Delta f,\Delta t)$定义为信道频率间隔、时间间隔的相关函数。使式(5-7)中 $\Delta t=0$，可得

$$\phi_c(\Delta f)=\int_{-\infty}^{\infty}\phi_c(\tau)\mathrm{e}^{-\mathrm{j}2\pi\Delta f\tau}\mathrm{d}\tau \tag{5-8}$$

$\phi_c(\Delta f)$是以频率为变量的自相关函数，它提供了信道频率相干性的一种度量。如图

5-1(b)所示的$|\phi_c(\Delta f)|$随Δf的变化。$\phi_c(\Delta f)$与$\phi_c(\tau)$之间傅里叶变换关系的一个结果，多径扩展的倒数是信道相干带宽的度量，即$(\Delta f)_c \approx 1/T_m$，$(\Delta f)_c$表示相干带宽。而$(\Delta f)_c$和$T_m$也可以用来描述信道频率选择性或频率非选择性。

5.3 信道的多普勒扩展和相干时间

可从式(5-7)中$\phi_c(\Delta f,\Delta t)$的参数$\Delta t$测量时间内的信道时变情况，信道时间变化表现出多普勒展宽，为了研究多普勒效应与信道时间变化的关系，定义$\phi_c(\Delta f,\Delta t)$对变量$\Delta t$的傅里叶变换为函数$S_c(\Delta f,\lambda)$，即

$$S_c(\Delta f,\lambda) = \int_{-\infty}^{\infty} \phi_c(\Delta f,\Delta t) e^{-j2\pi\lambda\Delta t} d\Delta t \tag{5-9}$$

当$\Delta f=0$时，$S_c(0,\lambda)=S_c(\lambda)$，式(5-9)进一步变化为

$$S_c(\lambda) = \int_{-\infty}^{\infty} \phi_c(\Delta t) e^{-j2\pi\lambda\Delta t} d\Delta t \tag{5-10}$$

式中：函数$S_c(\lambda)$为一个功率谱函数，表示出其信号强度与多普勒频率λ之间的关系，将$S_c(\lambda)$称为信号多普勒功率谱。

由式(5-10)可知，如果信道是时不变的，那么$\phi_c(\Delta t)=1$，且$S_c(\lambda)$为$\delta(\lambda)$函数。这样，信道中没有时间变化，在纯单频传输中观测不到频谱展宽。同样地，称$S_c(\lambda)$非零值的λ的基本范围为信道多普勒展宽B_d。由于$S_c(\lambda)$通过傅里叶变换和$\phi_c(\Delta t)$有关，所以B_d的倒数为信道相干时间的度量，即$(\Delta t)_c \approx \frac{1}{B_d}$，其中$(\Delta t)_c$表示相干时间。图5-2给出了$\phi_c(\Delta t)$与$\Delta t$的关系以及$S_c(\lambda)$与$\lambda$的关系，用$(\Delta t)_c$和$B_d$可以方便地描述信道的衰落快慢。

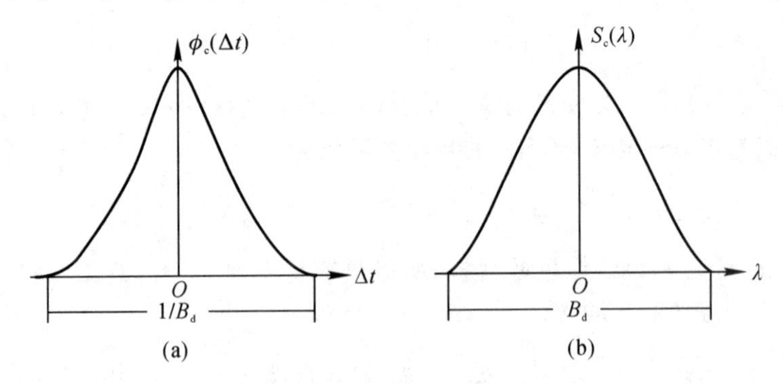

图5-2　$\phi_c(\Delta t)$与Δt的关系以及$S_c(\lambda)$与λ的关系

5.4 信道的衰落

5.3节讲述了信道的时延扩展和多普勒扩展会引起信道的衰落。本节将进一步研究信道的衰落情况。信号从发送机到接收机的过程中，受到地形或障碍物的影响，会发生反射、绕射、衍射等现象，接收机接收到的信号是由不同路径的来波组合而成的，这种现象称为多径效应。由于不同路径的来波到达时间不同，导致相位不同。不同相位的来波在接收端因

同相叠加而加强，因反相叠加而减弱，会造成信号幅度的变化，这一过程称为衰落，这种由多径引起的衰落称为多径衰落。当发射机与接收机之间存在相对运动时，接收机接收的信号频率与发射机发射的信号频率不相同，这种现象称为多普勒效应，接收频率与发射频率之差称为多普勒频移。

为了深入研究和实际应用的需要，把无线信道的衰落主要分为两种形式：大尺度衰落和小尺度衰落。

5.4.1 大尺度衰落

大尺度衰落是由于发射机与接收机之间的距离和两者之间的障碍物引起的平均信号能量减少，包括路径损耗和阴影衰落，其中路径损耗是由发射功率的幅度扩散及信道的传播特性造成的，阴影衰落是由发射机与接收机之间的障碍物造成的。

1. 路径损耗

陆地传播的路径损耗公式可简单表示为

$$L_p = Ad^a \tag{5-11}$$

式中：A 是传播常量；a 是路径损耗系数；d 是发射机与接收机的距离。

在自由空间中，接收机接收的信号平均功率$\overline{P_r}$可由下式给出：

$$\overline{P_r} = P_t\left(\frac{\lambda}{4\pi d}\right)^2 g_t g_r \tag{5-12}$$

式中：P_t 是发射功率；g_t 是发射天线增益；g_r 是接收天线增益；λ 是电波波长。

自由空间的路径损耗 L_f 定义为

$$L_f = \frac{P_t}{\overline{P_r}} = \frac{1}{g_t g_r}\left(\frac{4\pi d}{\lambda}\right)^2 \tag{5-13}$$

由式(5-11)可以得出，路径损耗与距离的 a 次方成正比。由式(5-13)可知，在自由空间下，路径损耗与距离的二次方成反比。然而在实际的移动环境中，接收信号的功率要比自由空间下小很多，路径损耗系数一般可取为 3～4。

2. 路径传输损耗模型

关于路径损耗的模型，目前应用最广泛的是 Okumura 模型，Hata 对 Okumura 模型进行了公式化处理，所得到的基本损耗(单位：dB)公式如下：

$$L_p(\text{城区}) = 69.55 + 26.16\lg f_c - 13.82\lg h_{te} - a(h_{re}) + (44.9 - 6.55\lg h_{te})\lg d \tag{5-14}$$

$$L_p(\text{郊区}) = L_p(\text{城区}) - 2\left[\lg\left(\frac{f_c}{28}\right)\right]^2 - 5.4 \tag{5-15}$$

$$L_p(\text{开阔地}) = L_p(\text{城区}) - 4.78\,(\lg f_c)^2 + 18.38 g f_c - 40.98 \tag{5-16}$$

式中：f_c 是载波频率(150～1 500 MHz)；h_{te}是基站天线有效高度(30～200 m)，定义为基站天线实际海拔高度与基站沿传播方向实际距离内的平均地面海拔高度之差；h_{re}是移动台有效天线高度(1～10 m)，定义为移动台天线高出地表的高度；d 是基站天线和移动台天线之间的水平距离(1～20 km)；$a(h_{re})$是有效天线修正因子，是覆盖区大小的函数，对于不同的区域，$a(h_{re})$具有不同的表示形式。

(1)中小城市。

$$a(h_{re})=(1.11\lg f_c-0.7)h_{re}-(1.56\lg f_c-0.8) \tag{5-17}$$

(2)大城市、郊区。

当 $f_c \leqslant 300$ MHz 时,有

$$a(h_{re})=8.29\,(\lg 1.54h_{re})^2-1.1 \tag{5-18}$$

当 $f_c > 300$ MHz 时,有

$$a(h_{re})=3.2\,(\lg 11.75h_{re})^2-4.97 \tag{5-19}$$

3. 阴影衰落

信号在传播过程中会遇到各种障碍物的阻挡,从而使接收功率发生随机变化,因此需要建立一个模型来描述这种信号功率的随机衰减。造成信号衰减的因素是未知的,因此只能用统计模型来表征这种随机衰减,最常用的统计模型是对数正态阴影模型,它可以精确地描述室内和室外无线传播环境中的接收功率变化。

阴影效应的建模是一个乘性的且通常是随时间缓慢变化的随机过程,即接收信号功率可表示为

$$P_r(t)=L_p P_t(t) P_\varphi(t) \tag{5-20}$$

式中:L_p 是平均路径损耗;$P_t(t)$是发射功率;$P_\varphi(t)$是阴影效应的随机过程。

对数正态阴影模型把发射和接收功率的比值 $\varphi=\dfrac{P_t}{P_r}$假设为一个对数正态分布的随机变量,其概率密度函数为

$$p(\phi)=\frac{1}{\sqrt{2\pi}\sigma_{\phi_{dB}}}\exp\left[-\frac{(10\lg\varphi-\mu_{\varphi_{dB}})^2}{2\sigma_{\varphi_{dB}}^2}\right],\varphi>0 \tag{5-21}$$

式中:$\mu_{\varphi_{dB}}$是以 dB 为单位的 $\varphi_{dB}=10\lg\varphi$ 的均值,实测时,$\mu_{\varphi_{dB}}$等于 φ_{dB}平均路径损耗;$\sigma_{\varphi_{dB}}$是φ_{dB}的标准差,是以 dB 为单位的路径损耗标准差。

对数正态阴影衰落的参数一般采用对数均值 $\mu_{\varphi_{dB}}$,单位是 dB,对于典型的蜂窝和微波环境,$\sigma_{\varphi_{dB}}$的变化范围为 5~12 dB。经变量代换,φ 服从均值为 $\mu_{\varphi_{dB}}$、标准差为 $\sigma_{\varphi_{dB}}$的正态分布,即

$$p(\varphi_{dB})=\frac{1}{\sqrt{2\pi}\sigma_{\varphi_{dB}}}\exp\left[-\frac{(\varphi_{dB}-\mu_{\varphi_{dB}})^2}{2\sigma_{\varphi_{dB}}^2}\right],\varphi>0 \tag{5-22}$$

5.4.2 小尺度衰落

小尺度衰落是由于发射机与接收机之间空间位置的微小变化引起的,描述小范围内接收信号场强中瞬时值的快速变化特性,是由多径传播和多普勒频移两者共同作用的结果,包括由多径效应引起的衰落和信道时变性引起的衰落,具有信号的多径时延扩展特性和信道的时变特性。

根据信号带宽和多径信道的相干带宽关系,将由多径效应引起的衰落分为平坦衰落和频率选择性衰落。

1. 平坦衰落

若信号的带宽小于多径信道的相干带宽,此时的信道衰落称为平坦衰落。研究表明,平

坦衰落的幅度符合瑞利分布或莱斯分布。

若某一路径信号在传播过程中存在视距路径传播，则衰落信号幅度符合莱斯分布。第 i 个时隙的衰落信号的幅度 r_i 可表示为

$$r_i = \sqrt{(x_i + \beta)^2 + y_i^2} \tag{5-23}$$

式中：x_i 和 y_i 是均值为 0、方差为 σ^2 的高斯随机变量；β 为视距路径的幅度分量。

莱斯信道的衰落幅度概率密度函数为

$$f_{\text{Rice}}(r) = \frac{r}{\sigma^2}\exp[-(\gamma^2 + \beta^2)/(2\sigma^2)]I_0\left(\frac{r\beta}{\sigma^2}\right), r \geqslant 0 \tag{5-24}$$

式中：$I[\cdot]$ 是修正过的零阶贝塞尔函数。把 $K = \frac{\beta^2}{(2\sigma^2)}$ 定义为莱斯因子，表示视距路径下幅度分量与其他非视距路径下幅度分量的总和比。

当反射路径的数量很多，并且没有主要的视距传播路径时，衰落信号的幅度服从瑞利分布。

$$r_i = \sqrt{x_i^2 + y_i^2} \tag{5-25}$$

瑞利信道的衰落幅度概率密度函数为

$$f_{\text{Rayleigh}}(r) = \frac{r}{\sigma^2}\exp[-\gamma^2/(2\sigma^2)], r \geqslant 0 \tag{5-26}$$

由式(5-24)和式(5-26)可以得出，瑞利衰落信道可以看成是 $K=0$ 时的莱斯信道。衰落参数 K 反映了信道衰落的严重性：K 越小，表示衰落越严重；K 越大，表示衰落越轻；当 $K=\infty$ 时，表示信道没有多径成分，只有视距传播路径，此时的信道即为高斯白噪声信道。

2. 频率选择性衰落

若信号的带宽大于多径信道的相干带宽，此时的信道衰落称为频率选择性衰落。此时，信道冲激响应具有多径时延扩展，反映衰落信号相位的随机变化。频率选择性衰落是由于多径时延接近或超过发射信号周期引起的，是影响信号传输的重要特性。信号在多径传播过程中，容易引起选择性衰落，从而造成码间干扰。为了不引起明显的频率选择性衰落，传输信号带宽必须小于多径信道的相干带宽。为了减少码间干扰的影响，通常限制信号的传输速率。

5.4.3 多径衰落

1. 多径时延扩展产生的衰落效应

(1)平坦衰落。设 T_s 是信号带宽的倒数(即信号周期)，B_s 是信号带宽，T_m 和 $(\Delta f)_c$ 分别是信道的时延扩展和相干带宽。若 $B_s < (\Delta f)_c$ 或 $T_s > T_m$，即无线移动信道的带宽大于发送信号的带宽，且在带宽范围内有恒定增益及线性相位，则接收信号经历了平坦衰落过程，这是一种最常见的衰落。在平坦衰落情况下，信道的多径结构使发送信号的频谱特性在接收机内仍能保持不变。不过，由于多径导致信道增益的起伏，使接收信号的强度会随着时间而变化。

在平坦衰落信道中，由于发送信号带宽的倒数远大于信道的多径时延扩展，$C(\tau,t)$ 可近似认为无附加时延(即 $\tau=0$ 的单一 δ 函数)。幅度变化的平坦衰落信道(不会影响传输信号

的频谱特性)有时可看成是窄带信道,这是由于信号带宽比平坦衰落信道带宽窄得多。典型的平坦衰落信道会引起深度衰落,因此在深度衰落期间需要增加 20 dB 或 30 dB 的发送功率,以获得较低的比特误码率,这一点与非衰落信道在系统操作方面是不同的。另外,平坦衰落信道增益分布对设计无线链路非常重要,最常见的幅度分布是瑞利分布。

(2)频率选择性衰落。若信道具有恒定增益和线性相位的带宽范围小于发送信号带宽,即 $B_s>(\Delta f)_c$ 和 $T_s<T_m$,则该信道特性会导致接收信号产生选择性衰落。在这种情况下,信道冲激响应具有多径时延扩展,其值大于发送信号波形带宽的倒数。此时,接收信号中包含经历了衰减和时延的发送信号波形的多径波,导致接收信号失真。频率选择性衰落是由信道中发送信号的时间色散(弥散)引起的,这样信道会引起符号间干扰(ISI),因为发送信号 $S(f)$的带宽大于信道的相干带宽$(\Delta f)_c$。从频域看,不同频率获得不同增益,接收信号的某些频率分量比其他分量获得了更大增益,就会产生频率选择,当多径时延接近或超过发送信号的周期时,就会产生频率选择性衰落。频率选择性衰落信道也称为宽带信道,因为信号 $S(t)$的带宽宽于信道冲激响应带宽。随着时间的变化,$S(t)$频谱范围内的信道增益与相位也发生了变化,导致接收信号 $r(t)$发生时变失真。频率选择性衰落信道的建模要比平坦衰落信道的建模更困难,因为必须对每一个多径信号建模,且必须把信道视作一个线性滤波器。

2. 多普勒扩展引起衰落效应

(1)快衰落。根据发送信号与信道变化快慢程度的比较,信道可分为快衰落信道和慢衰落信道。在快衰落信道中,信道冲激响应在符号周期内变化很快,信道的相干时间比发送信号的信号周期短。由于多普勒扩展引起频率色散(也称为时间选择性衰落),从而导致信号失真。从频域看,信号失真随发送信号带宽的多普勒扩展的增加而加剧。因此,信号经历快衰落的条件为 $T_s\gg(\Delta t)_c$ 和 $B_s\ll B_d$。当信道被认定为快衰落或慢衰落信道时,就不必指定它为平坦衰落或频率选择性衰落信道。快衰落仅与运动引起的信道变化率有关。对平坦衰落信道,可以将冲激响应简单近似为一个 δ 函数(无时延),故平坦衰落、快衰落信道就是 δ 函数变化率快于发送基带信号变化率的一种信道,而频率选择性、快衰落信道是任意多径分量的幅度、相位及时间变化率快于发送信号变化率的一种信道。实际上,快衰落仅发生在数据率非常低的情况下,即它可认为是低速率信道。

(2)慢衰落。在慢衰落信道中,信道冲激响应变化率比发送的基带信号 $S(t)$变化率低得多,因此可假设在一个或若干个带宽倒数间隔内,信道均为静态信道。在频域中,这意味着信道的多普勒扩展比基带信号带宽小得多,因此信号经历慢衰落的条件是 $T_s\ll(\Delta t)_c$ 或 $B_s\gg B_d$。显然,移动台的速度(或信道路径中物体的速度)及基带信号发送速率,决定了信号是经历快衰落还是慢衰落。慢衰落信道可认为是一种慢速度和高数据速率的信道。

不同符号周期、基带信号带宽情况下信号的衰落类型如图 5-3 所示。

3. 常见分布

(1)当信道中传递到接收机信号的散射分量数目很大时,且每一路都是独立同分布的高斯过程,不存在主要支路(即没有视距 LOS 支路),应用中心极限定理可得到信道冲激响应的高斯过程模型是零均值,任何时刻信道响应的包络是服从瑞利概率密度函数(POF)分布,而相位在$(0,2\pi)$内是均匀分布的,即

$$P_{\mathrm{R}}(r)=\frac{2r}{\Omega}\mathrm{e}^{-\frac{r^2}{\Omega}},r\geqslant 0 \tag{5-27}$$

式中：$\Omega=E(R^2)=2\sigma^2$，可见瑞利分布可用单一参数 Ω(或 σ)表征，它也可写成

$$P_{\mathrm{R}}(r)=\frac{r}{\sigma^2}\mathrm{e}^{-\frac{r^2}{2\sigma^2}},r\geqslant 0 \tag{5-28}$$

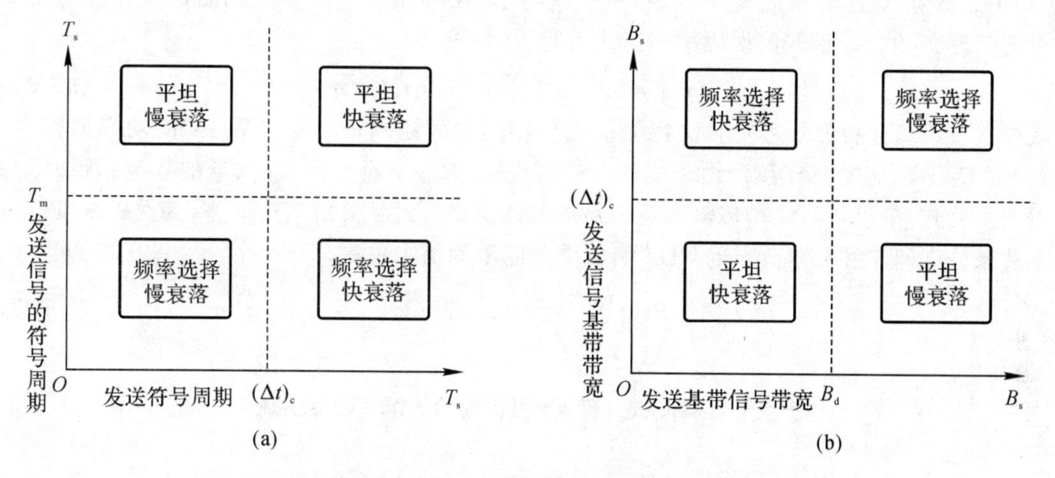

图 5-3　不同符号周期、基带信号带宽情况下信号的衰落类型

(a)符号周期；(b)基带信号带宽

(2)如果大量散射体中有一个是占主导分量(即存在 LOS)，那么任何时刻信道响应的包络都服从莱斯分布，其 PDF 为

$$P_{\mathrm{r}}(r)=\frac{r}{\sigma^2}\exp\left(-\frac{r^2+A^2}{2\sigma^2}\right)I_0\left(\frac{rA}{\sigma^2}\right),r\geqslant 0 \tag{5-29}$$

式中：$I_0(x)$是第一类零阶修正贝塞尔函数，参数 A 是分量 LOS 的信号幅度；定义 $K=A^2/2\sigma^2$ 为莱斯因子。莱斯分布是 A 和 σ 两参数分布的，在等效 x^2 分布中，A^2 叫作非中心参数，该参数表示接收信号的非衰落信号分量(有时称为镜像分量)的功率。当 $A=0$ 时，莱斯分布就退化成瑞利分布。

(3)信道响应包络的另一种统计模型就是 Nakagami - m 分布，其 PDF 为

$$P_{\mathrm{r}}(r)=\frac{2}{\Gamma(m)}\left(\frac{m}{\Omega}\right)^m r^{2m-1}\exp\left(-\frac{m}{\Omega}r^2\right),r\geqslant 0,m\geqslant 1/2 \tag{5-30}$$

式中：Ω 的定义同上，$m=\Omega^2/E\lfloor(r^2-\Omega)^2\rfloor$，$m\geqslant 0.5$。当 $m=1$ 时，此分布退化为瑞利分布。另外，Nakagami - m 分布和莱斯分布非常相似，当 $m\geqslant 1$ 时，它们之间可近似地相互转换：$m=(k+1)^2/(2k+1)$ 或 $k=\sqrt{m^2-m}/(m-\sqrt{m^2-m})$。

将 Nakagami - m 分布与瑞利分布进行比较：瑞利分布可用单一参数来匹配衰落信道统计数据；而 Nakagami - m 分布包含两个参数，即 m 和二阶矩阵 $\Omega=E(R^2)$。因此，在对观测信号统计数据匹配时，Nakagami - m 分布更灵活、更精确，它能用来对瑞利分布条件更苛刻的衰落信道进行建模，瑞利分布是它的一种特例。

4. 在平衰落信道中的传输特性

慢时变信道又称为频率非选择性慢衰落或准静态衰落信道。假设信道的传输函数用增

益 $a(t)$和相移 $\varphi(t)$表示，若信道变化比调制信号的变化速度慢，则可认为在一个信号码元期间，$a(t)$和 $\varphi(t)$是恒定的，因此，接收的信号可写为

$$r(t) = [\alpha(r)e^{-j\varphi(t)}]s(t) + n(t), 0 \leqslant t \leqslant T_b \quad (5-31)$$

式中：$n(t)$是加性高斯噪声；T_b 是码元宽度。与 AWGN 信道相比，接收信号多出了式(5-31)中的括号部分，若将此项并到 $S(t)$中，就与 AWGN 信道一样。故调制信号在慢时变平衰落信道在$[0, T_b]$期间的误码率表达式可写为

$$P_b(\gamma_b) = Q(\sqrt{\alpha^2 E_D/N_0}) = Q(\sqrt{\gamma_b}) \quad (5-32)$$

式中：E_D 是二进制信号之差的比特能量或星座的最短距离；N_0 是 AWGN 的功率谱密度；$\gamma_b = \alpha^2 E_D/N_0$ 是接收 SNR。由于式(5-32)为仅考虑一个符号码宽时(近似认为是瞬时)的误码率公式，故可认为它是传输增益 $\alpha(t)$的条件概率。对平衰落信道而言，其误码率可以由上述条件误码率和衰落分布的 PDF 函数乘积的平均值来求得，即

$$P_e = \int_0^{\infty} P_b(\gamma_b)P(r_b)d\gamma_b \quad (5-33)$$

5.5　环境因素引起的信道衰减

电波传播特性是卫星通信系统进行系统设计和线路设计时必须考虑的基本特性，Ka 频段卫星通信受气象因素的影响更加显著。因此先分析 Ka 频段卫星通信信道的电波传播特性，再重点分析降雨对卫星通信性能的影响。

5.5.1　降雨特性分析

降雨对信号主要产生吸收、散射和辐射作用，具体衰减值与地球站的位置、降雨强度和信号的频率及极化方式有关。降雨对信号主要产生以下三个方面的影响：

(1)减弱信号功率，降低到达接收机的信号电平。

(2)增加接收系统噪声温度，降低接收系统 G/T 值。

(3)改变信号极化。

(1)降雨衰减。降雨衰减(简称“雨衰”)是削弱 Ka 波段卫星通信的一个主要因素。雨雪和冰粒对于 Ka 波段卫星通信是可以忽略的。测量数据表明，雨衰是载波频率和系统可行性的函数，公式如下：

$$\left.\begin{aligned} A_r &= C_1\exp(\delta_1 f) + C_2\exp(\delta_2 f) - (C_1 + C_2), \theta > 10^\circ \\ A_r(\theta) &= A_r(\theta_0)\sin\theta/\sin\theta_0, \theta \leqslant 10^\circ \end{aligned}\right\} \quad (5-34)$$

式中：f 为载波频率(GHz)；$C_1, C_2, \delta_1, \delta_2$ 是系统可行性函数；θ 为地球站仰角；θ_0 为参考仰角。

(2)降雨噪声。降雨引起的对电磁波吸收衰减也会对地球站产生热噪声影响，这种降雨噪声折合到接收天线输入端就等效为天线热噪声，对接收信号的载噪比有很大的影响。一般情况下，天线的仰角越高，降雨噪声对其影响越小。降雨噪声可以用下面的公式来计算：

$$\Delta T_r = (1 - 10^{-A/10})T_r \quad (5-35)$$

式中：A 为降雨衰减(dB)；T_r 为降雨温度(270 K)。

(3)降雨去极化影响。所谓降雨去极化是指电波经过雨区后,一个极化波所辐射的一部分能量落到了与之正交的极化波内。交叉极化分量大小及两个信道间极化干扰程度通常用交叉极化隔离度(XPI)和交叉极化鉴别率(XPD)衡量,XPI定义为本信号在本信道内产生的主极化分量与其在另一信道产生的交叉极化分量之比,它在单极化和双极化系统中都存在。XPD定义为本信道的主极化分量与另一信号在本信道内产生的交叉极化分量之比,XPD只能在双极化系统中存在。为提高频谱利用率,卫星通信一般均为双极化系统,而XPD可以直接反映别的信道对本信道的干扰程度。因此,一般均用XPD来衡量极化干扰。信号通过雨区后的交叉极化鉴别率XPD可用下式计算:

$$\mathrm{XPD} = U - V(f)\log A_p \tag{5-36}$$

$$U = C_f + C_r + C_\theta + C_\delta \tag{5-37}$$

$$V(f) = \begin{cases} 12.8f^{0.19}, 8\ \mathrm{GHz} \leqslant f \leqslant 20\ \mathrm{GHz} \\ 22.6, \quad 20\ \mathrm{GHz} \leqslant f \leqslant 35\ \mathrm{GHz} \end{cases} \tag{5-38}$$

式(5-37)中:C_f 为频率因子;C_r 为线极化改善因子;C_θ 为地理增益因子;C_δ 为雨滴倾角因子。

5.5.2 大气吸收特性分析

在大气中有很多气体分子(SO_2,NO_2,O_2,H_2O,N_2O)的吸收损耗使得信号的幅度衰减,其中主要是水和氧气的吸收。并且氧气的吸收损耗与温度和气压有关,水蒸汽的吸收损耗主要与温度有关。ITU-R给出了由水和氧气引起的大气吸收模型。

水吸收损耗的表达式为

$$\left.\begin{aligned} A_w &= \frac{\gamma_w\sqrt{R_e h_w}}{\cos\theta}F(\tan\theta\sqrt{R_e/h_w}), \theta \leqslant 10^\circ \\ A_w &= h_w\gamma_w/\sin\theta, \theta > 10^\circ \end{aligned}\right\} \tag{5-39}$$

式中:$F(x)=1/(0.661x+0.339\sqrt{x^2+5.51})$;$\gamma_w$ 表示水蒸气损耗系数(dB/km);h_w 为水蒸汽的有效高度(km);R_e 为等效地球半径;θ 为仰角。

氧气吸收损耗的表达式为

$$\left.\begin{aligned} A_o &= \frac{\gamma_o\sqrt{R_e h_o}}{\cos\theta}F(\tan\theta\sqrt{R_e/h_o}), \theta \leqslant 10^\circ \\ A_o &= h_o\gamma_o/\sin\theta, \theta > 10^\circ \end{aligned}\right\} \tag{5-40}$$

式中:$F(x)=1/(0.661x+0.339\sqrt{x^2+5.51})$;$\gamma_o$ 表示氧气损耗系数(dB/km);h_o 为干燥空气的有效高度(km);R_e 为等效地球半径;θ 为仰角。

则由氧气和空气中水分引起的大气吸收 A_g 为

$$A_g = A_w + A_o \tag{5-41}$$

5.5.3 云致衰减特性分析

在Ka频段上,沿着传播路径的云雾将使信号受到衰落,该衰落量的大小与液体水的含量及温度有关。云和雾引起的衰减较之雨滴小得多,但是对于低仰角的高纬度地区或波束

区域边缘，云和雾的影响是不可忽略的。ITU－R 给出了云致衰减的表达式为

$$A_c = 0.409\,5 fL/\varepsilon''(1+\eta^2)\sin\theta \tag{5-42}$$

式中：L 为云雾厚度；$\eta=2+\varepsilon'/\varepsilon''$，$\varepsilon'$ 和 ε'' 分别为水的介质常数的实部和虚部；f 为载波频率(GHz)；θ 为仰角。

5.5.4 大气闪烁特性分析

所谓闪烁是指由电波传播路径上小的不规则性引起的信号幅度和相位的快速起伏。在 Ka 波段对流层的闪烁通常发生在低仰角(5°～15°)并处在湿热气候条件下的卫星通信系统中。ITU－R 将以上各因素分为 3 类：慢变因素 A_0、快变因素 A_r 和中间因素 A_w、A_e、X(大气闪烁引起的衰落)，总衰落值 A_t 用下式表示：

$$A_t = A_0 + \sqrt{(A_w + A_e + X)^2 + A_r^2} \tag{5-43}$$

5.6 本章小结

本章从通信信道中的时延扩展、相关带宽、多普勒扩展、相关时间、衰落特征等角度进行了分析。同时，考虑到通信天气情况的差异也会影响通信信道的好坏，以 Ka 频段卫星通信信道为例，重点分析了降雨对卫星通信性能的影响，此外还分析了大气吸收特性、云致衰减特性以及大气闪烁特性等因素。

5.7 思考题

1. 实际中可通过什么方法来测量信道的多径强度分布？可以用什么指标来表示相干带宽？该指标与多径扩展 T_m 存在什么关系？

2. 信道多普勒展宽 B_d 的定义是什么？信道多普勒展宽与信道相干时间有什么关系？

3. 信道的衰落有几种类型？分别说明各自形成原因。平坦快衰落、平坦慢衰落、频率选择性快衰落以及频率选择性慢衰落有什么特点？

4. 环境因素引起的信道衰落有哪些常见的类型？写出总衰落的表达式并解释其含义。

第6章　GNSS信号的质量评估

6.1　引　言

卫星导航信号质量的优劣直接影响卫星导航系统的性能。GNSS空间信号质量评估工作是卫星导航系统建设和运行过程中最重要的环节之一，对于保证卫星导航系统的服务质量具有重要意义。

与传统的BPSK信号相比，新型GNSS信号具有不同的自相关特性和功率谱特性，同时新型调制方式在现代导航系统中得到了广泛应用，人们需要对采用新型调制信号的BOC、MBOC等信号的质量评估方法展开研究。

本章首先针对GNSS新型调制信号进行理论分析，然后着重对GNSS空间信号质量评估体系展开研究。

随着各个领域对定位、导航服务需求的不断增长，全球卫星导航系统在科学研究、生产生活以及国防建设中发挥着越来越重要的作用。传统的全球卫星导航系统主要有两个，分别是美国的GPS系统和俄罗斯的GLONASS系统。欧洲的Galileo系统和我国的北斗全球系统也正在建设当中。GPS系统和GLONASS系统均早已开展了它们的现代化工作。传统卫星导航系统的现代化内容主要是采用更为先进的信号调制方式，减小系统内或系统间的干扰，使得系统的定位精度、可靠性都得到了较大提升。

在很多领域，如航空、海洋渔业、人员搜救等，对定位导航系统的可靠性要求很高，如果不能满足一定的可靠性要求，将会对人的生命安全构成威胁。因此，这就要求对卫星导航信号进行实时监测，能够准确、及时地发现信号中的异常，从而对相关用户进行警告，避免事故的发生。空间信号(Signal in Space，SIS)质量的优劣是影响卫星导航系统性能的关键指标之一，开展GNSS信号质量评估工作对于保证卫星导航系统的顺利建设、运行十分关键。

6.2　BOC信号

在进行卫星信号的评估分析之前，我们需要了解BOC族信号，其作为相较于传统BPSK的新型调制方式，BOC族信号广泛应用于现代卫星导航系统中，为此，需要深入了解该新型调制方式，通过研究新信号的质量评估方法，总结出信号质量评估体系，可以为卫星信号的设计及检测提供依据，对于保证卫星试验工程的顺利进行以及卫星故障的排查都具有重要的作用。

2001年，John W. Betz首次提出了应用于导航信号领域的调制方式。与传统的BPSK信号相比，BOC信号在调制过程中额外增加了一个子载波项。正如“子载波”这一称谓，它的作用是在小范围对信号的功率谱进行左、右搬移。子载波的使用使得BOC调制的自相关函数出现“多峰”现象，即在一个码片范围内出现了多个幅度不一的相关峰，主相关峰因此变得更窄。

BOC信号的子载波是与导航数据比特及伪随机序列同步的方波，有正弦相位和余弦相位两种形式。假定BOC信号子载波的频率为 $f_s = m \times 1.023$ MHz，伪随机码速率为 $f_c = n \times 1.023$ Mc/s，则采用正弦相位子载波的BOC信号通常记为BOC(m,n)，而采用余弦相位子载波的BOC信号则记为BOCc(m,n)。导航数据比特依次和本地产生的伪随机码、子载波相乘，形成基带信号。BOC信号的生成数学模型为

$$s(t) = \sqrt{2P}d(t)c(t)\mathrm{sc}(t)\cos(\omega_0 t + \theta_0) \tag{6-1}$$

式中：P 为信号功率；$d(t)$为导航比特；$c(t)$为伪随机码；$\mathrm{sc}(t)$为子载波。

BOC调制机理如图6-1所示。

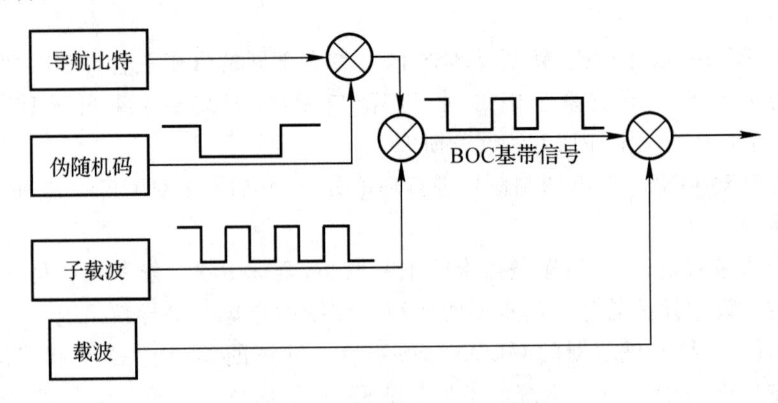

图6-1　BOC信号产生原理图

BOC(m,n)信号的自相关函数和功率谱具有以下规律：

(1)功率谱主瓣和主瓣间的副瓣之和等于2 m/n，且主瓣宽度为伪随机码速率的2倍，副瓣宽度等于伪随机码速率。

(2)BOC调制信号的自相关函数正负峰值的总个数是 $4m/n-1$。

下面直接给出BOC信号的功率谱表达式：

$$G_{\mathrm{BOC}}(f) = \begin{cases} f_c \left[\dfrac{\sin\left(\dfrac{\pi f}{2f_s}\right)\sin\left(\dfrac{\pi f}{f_c}\right)}{\pi f \cos\left(\dfrac{\pi f}{2f_s}\right)} \right]^2, & 2m/n \text{ 为偶数} \\ f_c \left[\dfrac{\sin\left(\dfrac{\pi f}{2f_s}\right)\cos\left(\dfrac{\pi f}{f_c}\right)}{\pi f \cos\left(\dfrac{\pi f}{2f_s}\right)} \right]^2, & 2m/n \text{ 为奇数} \end{cases} \tag{6-2}$$

$$G_{\mathrm{BOCc}}(f)=\begin{cases}\left\{f_c\left\{\dfrac{\sin\left(\dfrac{\pi f}{f_c}\right)}{\pi f\cos\left(\dfrac{\pi f}{2f_s}\right)}\left[\cos\left(\dfrac{\pi f}{2f_s}\right)-1\right]\right\}^2, & 2m/n\text{ 为偶数}\\ \left\{f_c\left\{\dfrac{\cos\left(\dfrac{\pi f}{f_c}\right)}{\pi f\cos\left(\dfrac{\pi f}{2f_s}\right)}\left[\cos\left(\dfrac{\pi f}{2f_s}\right)-1\right]\right\}^2, & 2m/n\text{ 为奇数}\end{cases} \tag{6-3}$$

图6-2和图6-3给出了BPSK(1)，BOC(14,2)和BOCc(10,5)的自相关函数和功率谱。从图中可以看出，信号的调制系数($2m/n$)越高，信号的自相关函数主峰越尖锐。BOC信号将功率谱主瓣搬移到远离中心频率位置，和传统BPSK信号功率谱相互分离，具有较好的兼容性。

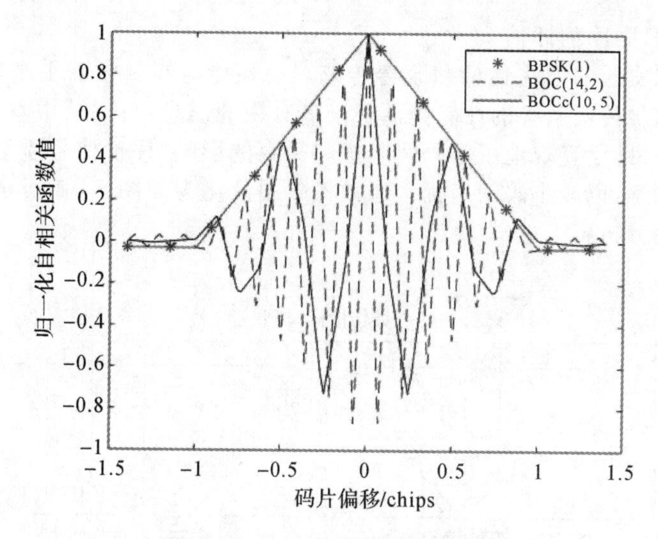

图6-2　BOC信号的自相关函数

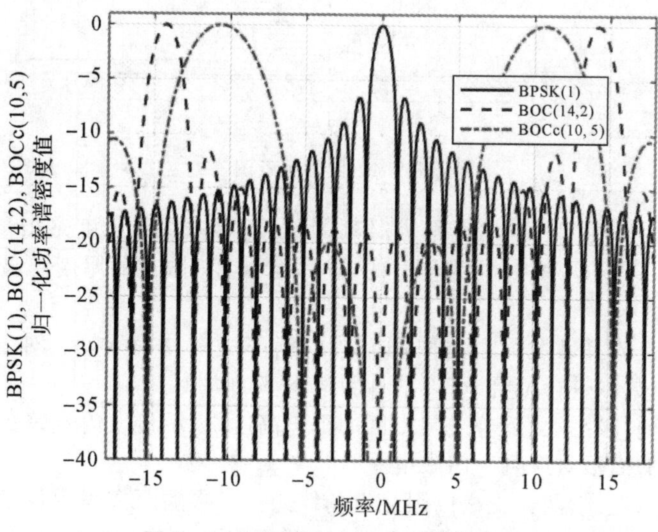

图6-3　BOC信号归一化功率谱密度

6.3 GNSS信号的质量评估方法

6.2节讲解了新型调制方式，本节将介绍GNSS空间信号质量的评估方法。对GNSS信号进行质量评估时，首先要利用高精度、高速率的采集设备对GNSS空间信号进行采集，并且需要对采集的信号进行滤波、均衡、去干扰等多项预处理。随后，需要通过捕获、跟踪处理确定接收信号的类型及相关参数，得到信号精确的码相位和载波相位。根据以上信息就可以从时域、频域、调制域、相关域、一致域等多个角度对空间信号的质量进行分析与评估。本节将详细介绍每个域的评估方法。

6.3.1 时域评估方法

6.3.1.1 信号眼图的评估

眼图是指利用实验的方法估计和改善传统系统性能时在示波器上观察得到的一种图形。眼图为数字信号传输系统的性能提供了很多有用的信息：可以从中看到码间串扰的大小和噪声的强弱，有助于直观地了解码间串扰和噪声的影响，评价信号质量的优劣；可以指示接收滤波器的调整，以减小码间串扰。通常将眼图简化为如图6-4所示的形状，从该图中可以作如下定性分析：

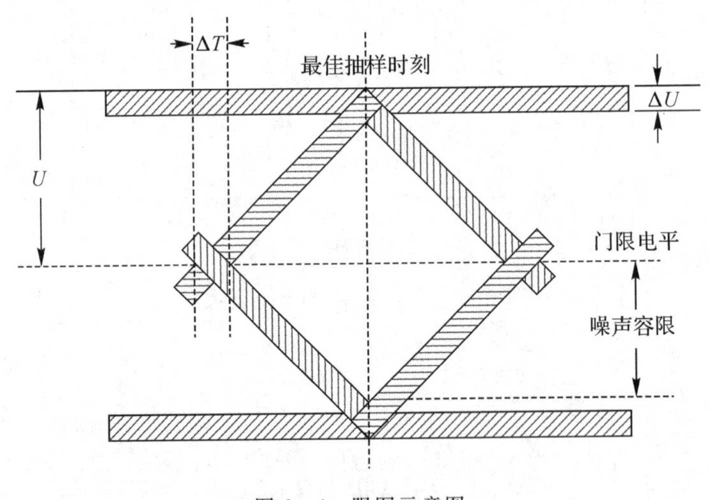

图6-4 眼图示意图

(1)最佳抽样时刻在“眼睛”张开最大时刻，可以用“眼图”张开度来衡量其张开程度，其计算公式为$(U-2\Delta U)/U$，其中U为信号的幅度，而ΔU为眼皮的厚度。眼皮的厚度反映了信号噪声的大小。

(2)对定时误差的灵敏度可以由眼图斜边的斜率决定：斜率越大，对定时误差越灵敏。通过对斜边采样点数据进行拟合，可以估计斜边斜率的大小。

(3)在抽样时刻，眼图上、下分之阴影区的垂直高度，表示最大信号畸变。

(4)眼图中央的横轴对应判决门限电平。

在抽样时刻上，上、下两分支离门限最近的线迹至门限的距离表示各相应电平的噪声容限，噪声瞬时值超过它就可能发生错误判决。眼图倾斜分支与横轴相交的区域大小表示零点位置的变动范围，这个变动范围的大小对提取定时信息有重要影响。可以用交叉点发散度来衡量眼图过零点变动范围的大小，计算方法为 $\Delta T/T_s$，T_s 为码片宽度。

在具体的实现过程中，利用跟踪的结果精确地剥离信号中的载波和多普勒从而得到基带信号，然后将基带信号中的每个码片分别绘制到同一码片周期内就得到了信号的眼图波形。值得说明的是，在没有其他措施的情况下任何干扰都会对眼图造成相当大的影响，以致无法观察到清晰的眼图。下面给出一种提高基带信号信噪比的方法，其具体的流程为：

(1)对信号进行重采样，使得新采样率是码速率的整数倍，保证每个码片内采样的点数及采样位置都是一致的。

(2)取多个码周期的数据，将每个码周期内相对应的采样点进行累加组合成一个码周期。

值得注意的是，由于不同码周期的伪码间可能存在比特跳变，所以需要对每个码周期调制的比特进行估计。同时，这种方法受到多普勒频移的限制无法进行任意长时间的累加，累加平均算法一般只能处理几十秒的中频采样信号。

图 6－5 和图 6－6 给出了分离后伽利略 E1 信号的眼图，表 6－1 给出了眼图的计算参数。从眼图和计算参数中可以看到，信号眼图迹线清晰，具有较好的噪声特性，计算出的眼图参数非常理想，没有明显的畸变情况。

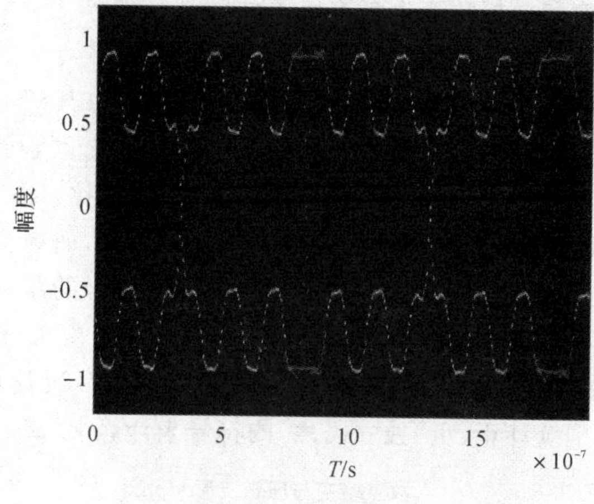

图 6－5　信号眼图

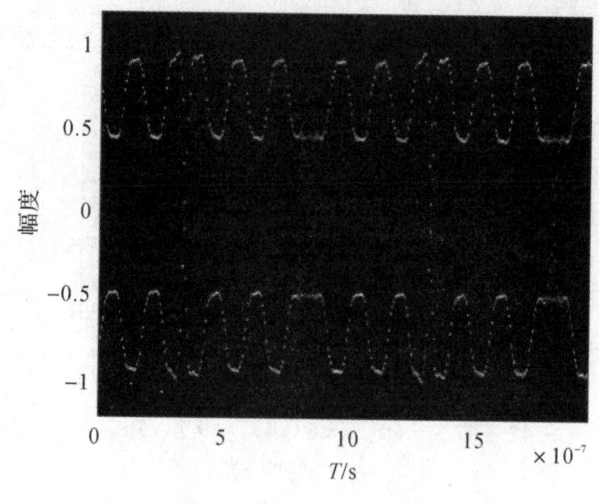

图 6－6　E1c 信号眼图

表 6-1　眼图参数计算结果

	B1d	B1C
眼皮厚度	0.180 21	0.139 37
眼睛张开度	0.819 79	0.860 63
上降沿斜率	41.283 9	27.373 6
下降沿斜率	−41.09	−27.364
上升/下降斜率比	−1.004 7	−1.000 4
交叉点发散度	0.013 57	0.002 4
正负不对称度	−0.003 5	0.001 62
占空比	0.500 19	0.5
码片错误数	0	0

6.3.1.2　时域畸变模型

码片波形的数字畸变和模拟畸变也是重点关注的评估要素之一，之前 GPS SV19 卫星发生的故障就被认为是这两种畸变的组合形式。

数字畸变主要产生于卫星信号生成单元的数字电路部分。其产生原因主要是电子器件的响应存在一定的延迟，从而使得码片正负码波形宽度不一致。故可以采用正码片宽度与负码片宽度之比来衡量信号的数字畸变程度，定义为数字占空比。图 6-7 给出了码片下降沿滞后 0.2 个码片的情况，其中实线表示受到数字畸变的信号，而虚线表示理想信号。数字畸变独立于模拟电路，会使接收信号相关峰扩展和平移，对信号的跟踪产生较大影响。

对于 BOC 信号而言，可以通过子载波正、负码片的码片宽度来计算数字占空比。对于 BPSK 信号，需要寻找“独立码片”。所谓“独立码片”，即与前、后码片均反相的码片，如[−1 1 −1]和[1 −1 1]。分别统计正、负“独立码片”的符号来计算 BPSK 信号的数字占空比。

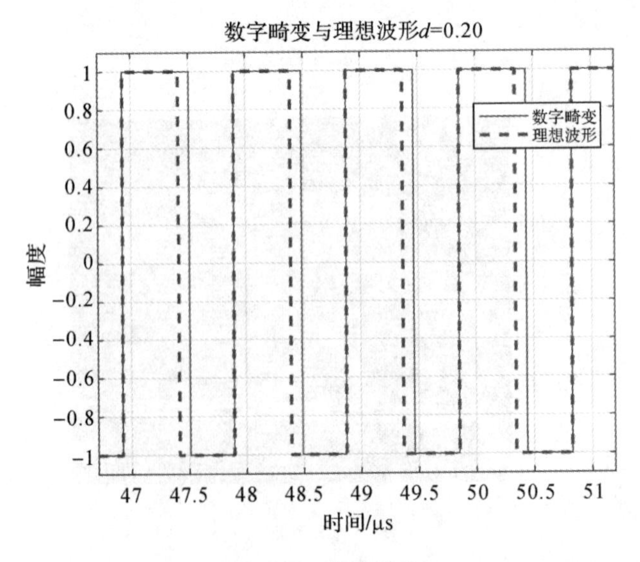

图 6-7　数字畸变

模拟畸变是由卫星及接收端模拟器件的非理想特性造成的，会使码片波形幅度振荡，自相关峰曲线扭曲变形，对信号的测距性能造成影响。模拟失真独立于数字失真，常常采用“振铃”来模拟输入信号的失真模式，具体可以用 2 个参数（振荡的衰减频率 f_d 和衰减阻尼因子 σ）来描述：

$$e(t)=\begin{cases}0, t\leqslant 0\\ 1-e^{-\sigma t}\left(\cos\omega_d t+\dfrac{\sigma}{\omega_d}\sin\omega_d t\right), t\geqslant 0\end{cases} \tag{6-4}$$

通过选取单个码片内的几个极值点进行拟合可以得到对衰减频率和衰减阻尼因子两个参数的估计。图 6-8 给出了在不同参数取值条件下基带波形的畸变，实线代表受到模拟畸变的信号，虚线代表理想信号。对比几张图可以看出：若 f_d 相同，σ 的值越大，则波形抖动幅度趋于零的速度越快；若 σ 相同，f_d 的值越大，则波形抖动频率越快。

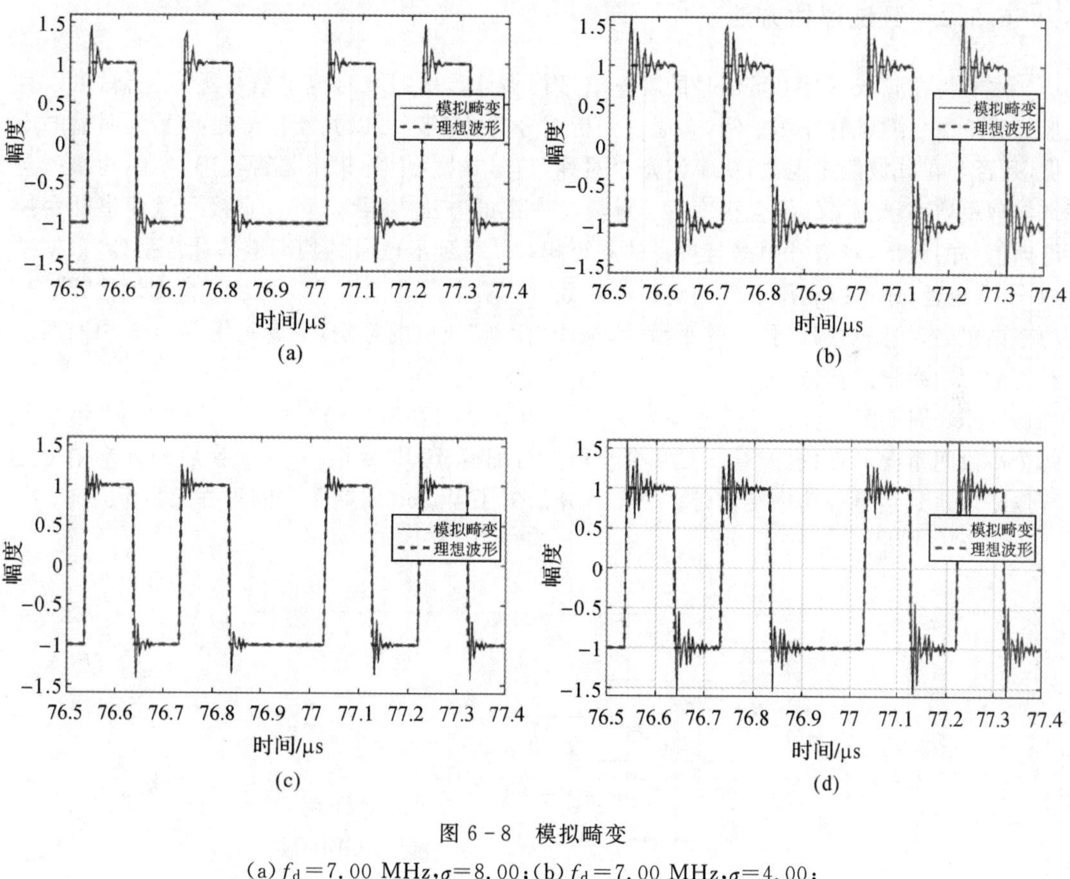

图 6-8　模拟畸变

(a) $f_d=7.00$ MHz, $\sigma=8.00$；(b) $f_d=7.00$ MHz, $\sigma=4.00$；

(c) $f_d=14.00$ MHz, $\sigma=8.00$；(d) $f_d=14.00$ MHz, $\sigma=4.00$

混合畸变是数字畸变和模拟畸变的混合，也是实际中可能会发生的情况。图 6-9 给出了混合畸变的基带波形，畸变参数为 $d=0.02$，$f_d=14$ MHz，$\sigma=4$。

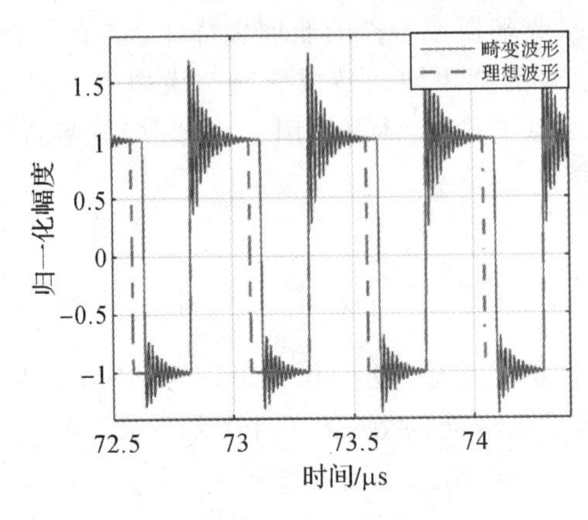

图 6-9　混合畸变

6.3.2　频域评估方法

本节将在频域下对卫星信号的功率谱进行估计。从频域对卫星信号进行评估，可以直观地分析信号质量的好坏。例如，通过分析信号的功率谱可以判断信号是否受到明显的干扰，是否存在载波泄露现象，功率谱是否对称，信号带宽、中心频率是否正确，实际功率谱包络与理想功率谱包络的拟合程度等。计算功率谱的方法有很多，可以直接通过傅里叶变换得到信号的频谱，将信号频谱与自身的共轭相乘就得到了信号的功率谱估计。另外，根据维纳-辛钦定理，还可以利用信号的自相关函数对其功率谱进行估计。为了更精细地估计信号功率谱包络，提高功率谱包络的平滑性，减小“截断”效应的影响，笔者采用 Welch 周期图法对信号的功率谱进行估计。

Welch 周期图法首先将信号序列 $x(k)$ 分为 n 个相互重叠的小段，可以用 N_r 表示相邻两个小段间重叠的点数。然后，对每个小段进行加窗、FFT 变换，并对变换后的 n 个结果进行取平均得到信号的功率谱估计。图 6-10 给出了 Welch 周期图法的重叠加窗示意图。

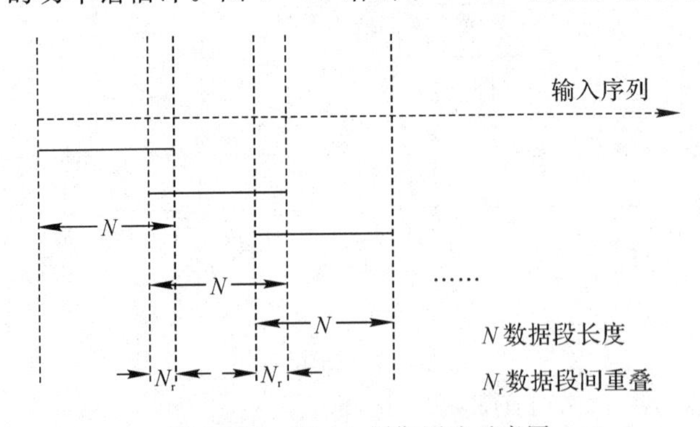

图 6-10　Welch 周期图法示意图

重叠加窗可以改善功率谱曲线的平滑性，大大提高谱估计的分辨率。虽然加窗会带来一定的信噪比损耗，但是此处主要考察功率谱包络是否存在畸变以及和理想功率谱的拟合程度，因此不会对评估造成明显影响。分段数越多，得到的最终结果也就越平滑。同时，需要注意的是：由于现代 GNSS 导航信号的带宽较宽，应当采用足够高的采样率以保证功率谱足够宽；进行离散傅里叶变换的点数尽量取为 2 的整次幂，以加快计算速度。

功率谱与理想谱的拟合程度可以直观地反映实际信号的畸变情况。理想谱既可以通过调制信号功率谱公式得到，也可以利用估计理想信号功率谱的方法得到。本书采用后一种方法，其优点是：①理想信号使用实际的伪随机码且包含交调项，估计得到的功率谱更为准确；②理想谱与实际谱采用同样的估计方法得到，具有可比性。功率谱和理想谱的拟合度可以利用两者间的相关系数来表征，计算公式为

$$r=\frac{\sum_{i=1}^{n}(x_i-\overline{x})(y_i-\overline{y})}{\sqrt{\sum_{n=1}^{n}(x_i-\overline{x})^2 g\sum_{n=1}^{n}(y_i-\overline{y})^2}} \tag{6-5}$$

受星上高功率放大器非线性特性的影响，功率谱可能会产生一定程度的不对称现象。功率谱的对称性也是需要重点关注的评估要素之一。通常，可以通过查看功率谱的左右面积比、左右对称主瓣顶点、零点的功率谱密度之比等方面来对功率谱的对称性进行考察。

实际信号频谱与理想信号频谱之比可以大致反映带内幅频特性，是对信道特性的考察。信号的峰均比则是指信号的峰值功率谱与平均功率谱之比，反映了调制信号的恒包络特性。

图 6－11 给出了伽利略 E1 信号的功率谱。理想功率谱是由信号构成成分进行组合得到的，是对真实理想功率谱的近似。理想功率谱的主瓣和实际功率谱的主瓣拟合得较好，两者的相关系数达到了 0.948。功率谱左右面积比为 0.880，有些轻微的不对称，这对测距性能的影响也非常小。没有载波泄露和码频泄露情况。

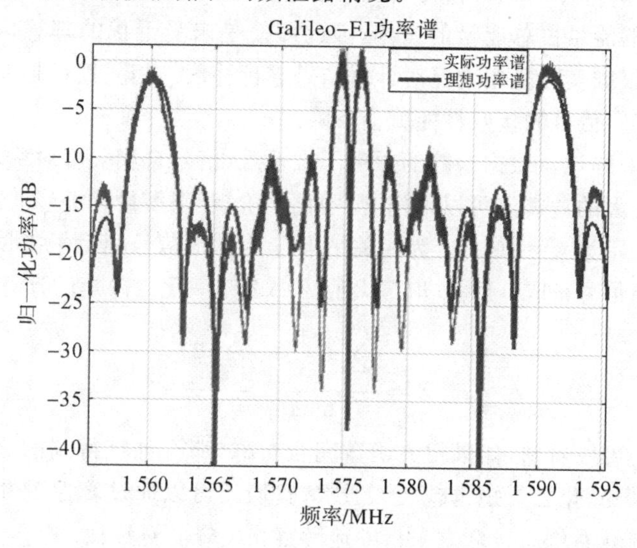

图 6－11　E1 信号的功率谱

6.3.3　相关域的评估方法

在相关域评估信号，可以直观地衡量信号畸变对测距性能的影响，是导航信号质量评估中最为重要的评估内容之一。为了得到卫星信号的自相关曲线，定义自相关函数为

$$\mathrm{CCF}(T)=\frac{\int_0^{T_\mathrm{p}} s_\mathrm{R}(t)s_\mathrm{ref}(t-T)\mathrm{d}t}{\sqrt{\left(\int_0^{T_\mathrm{p}} |s_\mathrm{R}(t)|^2\mathrm{d}t\right)\left(\int_0^{T_\mathrm{p}} |s_\mathrm{ref}(t-T)|^2\mathrm{d}t\right)}} \tag{6-6}$$

式中：$s_\mathrm{R}(t)$为剥离载波后的接收信号；$s_\mathrm{ref}(t-\tau)$为本地产生的参考信号；τ为本地信号相对于接收信号的时延；T_p为相干累积时间，通常取一个码周期或码周期的整倍数。

在实际处理过程中，需要借助跟踪结果剥离信号中的载波，同时确定相关峰的位置。由于分母上需要计算多个时延τ下的相关值，所以可以采用FFT/IFFF替代逐次相关运算的方法来加快运算速度。但是这种替代方法受到采样率的限制，如果采样率不够高，则得到的相邻两个相关结果间的时延可能过大，这使得相关峰的细节缺失。因此，可以在计算相关曲线之前先对基带信号进行重采样，提高相关曲线的分辨率。同时，为了减轻噪声的影响，通常取多条相关峰求平均值。

卫星数字电路、射频故障、传播环境的干扰、接收端故障都会造成相关峰畸变，从而产生测距误差。为了定量地分析信号相关峰的畸变程度，从如下几个方面进行衡量。

(1)相关损耗。相关损耗即指实际接收限号相关峰值与同样带宽下理想信号相关峰值之差。相关损耗的计算方法为

$$\mathrm{Peak}=\max(20\lg(|\mathrm{CCF}(\tau)|)) \tag{6-7}$$

$$\mathrm{CorrLoss}=\mathrm{Peak}_\mathrm{ideal}-\mathrm{Peak}_\mathrm{Real} \tag{6-8}$$

根据上述方法计算出的相关损耗会受到多路复用的影响，例如QPSK信号中调制了两路信号，单路信号的能量占总能量的一半，因此即使是未受干扰的理想信号也会出现3 dB的相关损耗，需要根据实际复用情况对计算结果进行补偿。相关损耗越大，要求接收机的捕获/跟踪灵敏度越高，信号的接收性能就会下降。

(2)相关曲线对称性。根据跟踪的原理不难发现，信号自相关峰对称性的丧失将会对信号的跟踪产生非常大的危害。可以采用“归一化二阶矩”来衡量相关峰波形的畸变程度。假设相关函数可以表示为$p=f(\tau)$，p为相关结果，τ为本地信号相对于接收信号的时延，单位为码片。对于理想信号τ取0时，p取最大值。那么归一化二阶矩的计算公式为

$$Z=\frac{\sum_{i=1}^{N}(x_i-x_0)y_i^2}{\max(y_i^2)} \tag{6-9}$$

从式(6-9)中可以看到，如果相关函数完全对称，那么计算得到的Z值将为0，相关函数对称性越差，其归一化二阶矩也越大。通常，我们还可以通过峰左侧和峰右侧的面积比，以及峰左侧曲线与峰右侧曲线之差来精细地考察相关峰的对称性。

(3)相关曲线的平滑性。相关曲线的平滑性主要衡量相关曲线是否有毛刺、曲线是否平滑。我们主要根据实际相关曲线与理想相关曲线差值的方差来衡量曲线的不平滑程度。

(4)S曲线过零点偏移。理想信号码环鉴相曲线(S曲线)的过零点，即码环的锁定点，位于码跟踪误差为零处。然而，由于实际中信号的传输失真、干扰等因素影响，码环锁定点会出现偏差。以非相干超前减滞后功率型鉴相器为例，设相关器超前减滞后间距为δ，则S曲线可表示为

$$\mathrm{SCurve}(\varepsilon,\delta)=\left|\mathrm{CCF}\left(\varepsilon-\frac{\delta}{2}\right)\right|^2-\left|\mathrm{CCF}\left(\varepsilon+\frac{\delta}{2}\right)\right|^2 \tag{6-10}$$

利用式(6－10)以及计算出的相关函数就可以构造信号实际的 S 曲线，从而可以计算得到 S 曲线锁定点 $\varepsilon_{\mathrm{bias}}(\delta)$ 偏差：

$$\mathrm{SCurve}[\varepsilon_{\mathrm{bias}}(\delta),\delta]=0 \tag{6-11}$$

根据不同相关器间隔下 S 曲线的锁定点偏差可以直接衡量信号的测距性能。

图 6－12 给出了 E1 信号的相关结果以及在不同相关器间隔下的 S 曲线。图中显示出的信号相关损耗较大，这是信号中复用了三路信号造成的。经过补偿，信号的相关损耗在 0.1 dB 以内。两路信号相关峰的左右面积比分别为 0.986 1 和 0.985 7，总体上对称性较好。图 6－13 给出了不同相关器间隔下信号的 S 曲线偏差。

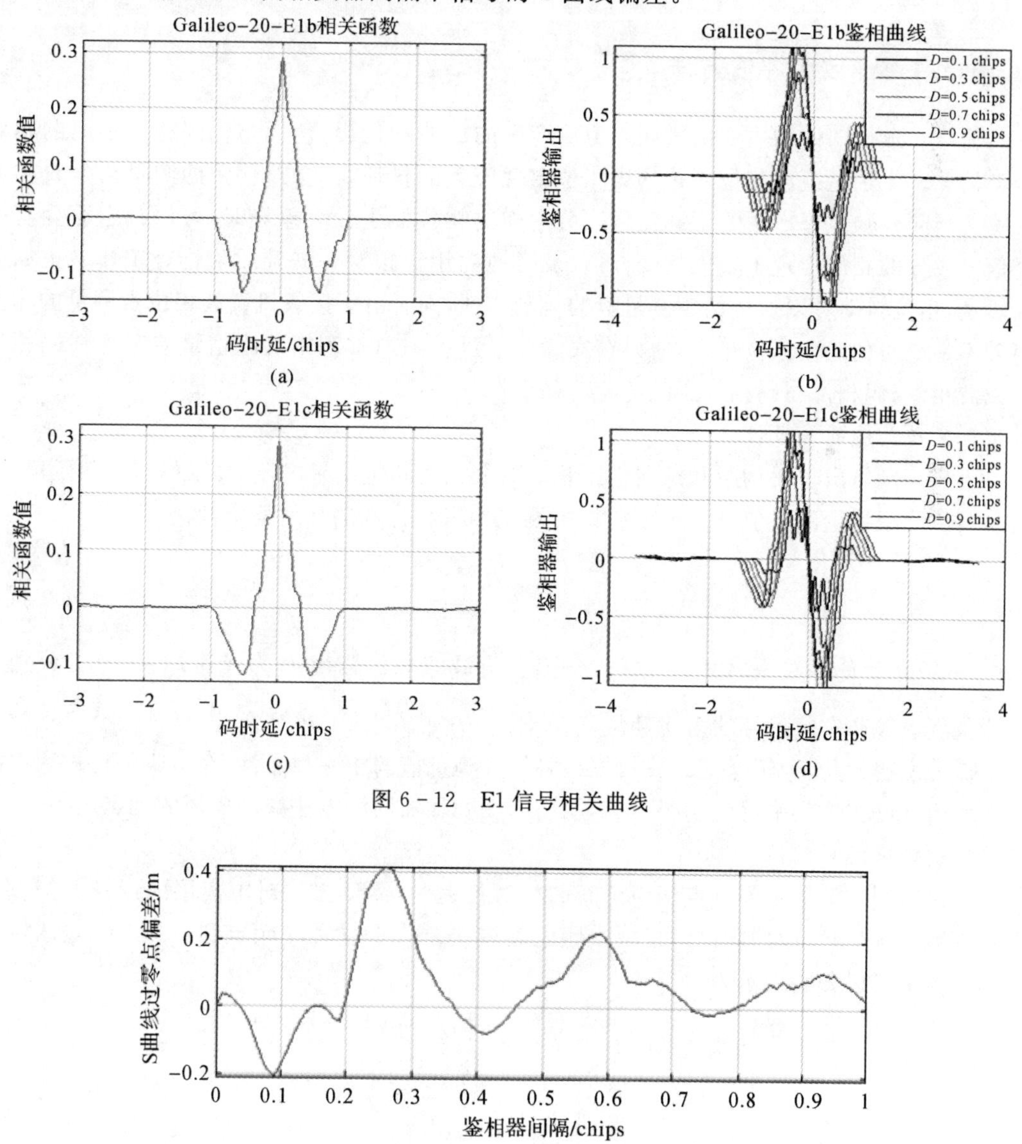

图 6－12　E1 信号相关曲线

图 6－13　E1 信号 S 曲线偏差

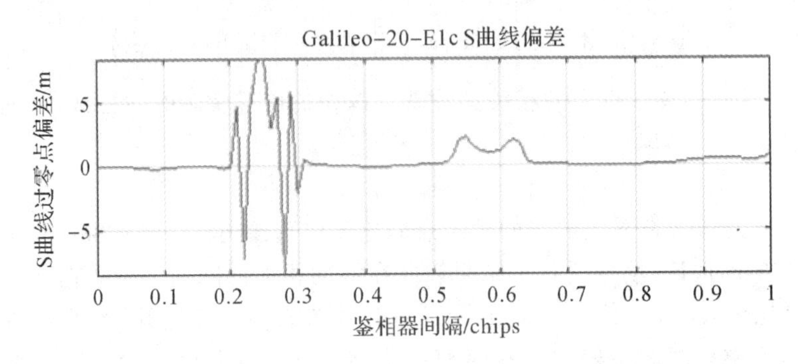

续图 6-13　E1 信号 S 曲线偏差

6.3.4　一致域评估方法

信号一致性的评估主要衡量同一卫星产生的载波和伪码、伪码与伪码相位之间的相对抖动情况。无论是载波相位还是伪码相位出现较大的抖动，都会对伪距的测量产生直接的影响。当同一颗卫星产生的不同信号成分之间的相位发生较大差异时，可以判定至少有一个信号成分的相位出现了较大畸变，可以及时地对用户预警并展开故障排查工作。正如前面所说，相位抖动可以通过伪距测量量的抖动体现，同时由于接收机载波相位观测量的输出值并不是绝对的载波相位输出，所以在实际评估过程中通常利用伪距增量差来评估码相位与载波相位、码相位与码相位之间的相对稳定性。

1. 码与载波的一致性

下式分别给出了码伪距和载波伪距相邻两个伪距测量结果之差，可以称其为伪距增量。利用两个伪距增量的差值 $\Delta\rho_N-\Delta\Phi_N$ 即可衡量两者相位间的相对稳定性：

$$\Delta\rho_N=\rho_{N+1}-\rho_N \tag{6-12}$$

$$\Delta\Phi_N=\Phi_{N+1}-\Phi_N \tag{6-13}$$

式中：载波测出的相对距离 $\Phi_N=\dfrac{\psi_N c}{f_0+f_{\rm dop}}$，$\psi_N$ 为载波相位输出，c 为光速，f_0 和 $f_{\rm dop}$ 分别为标称信号中频和实际信号的多普勒频移。

值得说明的是，为了保证载波相位和码相位测量值的相互独立性，在接收处理过程中既不能使用载波相位来平滑码伪距，也不能使用载波环辅助的方法减轻码环的动态应力。

2. 测距码间一致性

当评估同一卫星不同频点测距码间的相对延迟时，需要去除对电离层的影响。假设卫星在 i 和 j 频点上均发射信号，根据双频电离层误差修正方法，i 频点和 j 频点无电离层误差的码伪距可以分别表示为

$$\tilde{\rho}_i=\rho_i+\lambda_i^2\frac{\Phi_j-\Phi_i}{\lambda_j^2-\lambda_i^2} \tag{6-14}$$

$$\tilde{\rho}_j=\rho_j+\lambda_j^2\frac{\Phi_i-\Phi_j}{\lambda_i^2-\lambda_j^2} \tag{6-15}$$

式中：λ_i 和 λ_j 分别为两个频点的载波波长；Φ_i 和 Φ_j 是以距离为单位的两个频点载波相位观

测值；ρ 和 $\tilde{\rho}$ 分别为电离层误差修正前和修正后的伪距测量值。

不同频点测距码一致性可以用电离层修正后的伪距增量差来衡量，而相同频点间不同测距码间的相位一致性直接利用未经电离层修正的伪距增量差来衡量即可。同理，相同频点间不同信号载波的一致性直接利用各自的载波伪距增量差来衡量。

6.3.5　调制域的评估

卫星导航系统常常利用两个正交的载波在同一个频点上发射两路信号。对于只使用单路信号的一般用户而言，I/Q 支路正交性对信号测距性能的影响较小，只可能造成信号信噪比的略微下降；而对于联合载波进行跟踪的用户，I/Q 支路的正交误差会带来载波相位的跟踪偏差，降低伪码的跟踪精度，从而对信号的测距性能产生影响。

信号的星座图能够直观地反映出信号的调制形式和调制过程中产生的畸变。需要首先利用跟踪结果精确地剥离载波和多普勒平移得到基带信号，然后根据 I/Q 两支路输出的基带信号绘制星座图。

除了利用星座图定性地分析信号质量，还可以通过一些参数定量地分析信号的调制性能。

1. 信号分量相位误差

载波相位相对偏差衡量的是同频点两路信号之间的正交性。为了得到高精度的测量结果，需要对两路信号分别独立地进行跟踪。当两个跟踪环路达到稳态时，将两个接收机输出的载波相位值相减即可得到载波相位误差的估计值。值得说明的是，上述方式只适用于伪码一致的公开信号，对于未知的授权信号无法进行计算。由于电离层的影响，不同频点间信号的相位关系无法通过上述方法得到。由于载波相位跟踪过程中存在 180°的模糊，所以还需要根据解调出的导航比特对计算结果进行修正。

2. 信号分量幅度误差

新型调制方式得到的复用信号通常包含多路，可以通过估计每路信号能量得到各支路信号之间的幅度比，通过衡量实际幅度比与理想幅度比之间的偏差来衡量信号调制出现的幅度偏差。具体的估计算法将在信号载噪比估计中进行论述，需要说明的是，这种方法依然需要已知支路信号的伪随机码。

3. EVM

EVM(Error Vector Magnitude)即在给定时刻理想无误差信号与实际接收信号间的向量差。传统的估计方法需要首先对接收到的信号进行解调、解扩得到理想无误差信号，然后再按照相应的信号生成方式对解调处理的比特进行扩频和调制，重现发射端信号。重现信号即为参考信号。最后将参考信号和接收到的矢量信号做矢量差并求统计平均，即得到 EVM 值。相应的计算公式如下式所示，其中，I_i 和 Q_i 为接收信号，而 I_{ref} 和 Q_{ref} 为参考信号，$S_{\max}$ 是理想信号星座图最远状态的矢量幅度。

$$\mathrm{EVM}_{\mathrm{RMS}} = 100\% \times \sqrt{\frac{\frac{1}{N}\sum_{i=1}^{N}(|I_i - I_{\mathrm{ref}}| + |Q_i - Q_{\mathrm{ref}}|)}{S_{\max}^2}} \tag{6-16}$$

对于新型调制信号而言，信号的生成非常复杂，并且授权信号和公开信号可能在生成过程中被复用在了一起，本地难以直接产生，因此可以根据星座图中实际星座点与理想星座点之间的向量差对 EVM 值进行估算。

6.3.6 信号复用特性的评估

对于多路复用信号，它是各个支路信号混叠在一起的，我们可以从以下几个指标对信号的复用特性进行定量评估。

1. 信号载噪比与支路功率

载波功率和噪声功率谱密度之比称为载噪比，可以表示为 $\mathrm{CNR}=C/N_0$。载噪比和信噪比的关系可以表示为

$$C/N_0 = \mathrm{SNR} \times B_{\mathrm{n}} \tag{6-17}$$

式中：B_{n} 为待评估信号带宽。载噪比可以直接反映信号质量，是衡量信号质量好坏的重要参数，可以利用跟踪完成后即时同相支路 I_{p} 相关累加器的输出对信号载噪比进行估计。跟踪完成后，I_{p} 支路的相关累加值由有用信号和噪声组成，假设噪声为窄带高斯噪声，可以表示为

$$I_i = u(i) + n(i) \tag{6-18}$$

式中：$u(i)$为有用信号；$n(i)$为窄带高斯噪声。

取 N 个相干累加值，则累加值的算术平均和样本方差可以表示为

$$|\bar{I}| = \frac{1}{N}\sum_{i=1}^{N} |I_i| \tag{6-19}$$

$$\hat{\sigma}^2 = \frac{1}{N-1}\sum_{i=1}^{N} (|I_i| - |\bar{I}|)^2 \tag{6-20}$$

可以看到，样本方差是对噪声功率的无偏估计，噪声功率可以表示为

$$\hat{P}_{\mathrm{n}} = \hat{\sigma}^2 \tag{6-21}$$

算术平均是对信号幅度的无偏估计。经推导，信号功率的无偏估计可以表示为

$$\hat{P}_{\mathrm{s}} = |\bar{I}|^2 - \frac{1}{N}\hat{\sigma}^2 \tag{6-22}$$

因此，可以用下式估计信号的载噪比：

$$C/N_0 = \frac{\hat{P}_{\mathrm{s}}}{T_{\mathrm{coh}}\hat{P}_{\mathrm{n}}} \tag{6-23}$$

式中：T_{coh}为相干累积时间。

对于高信噪比条件下的信号，采用上述方法可以较为准确地估计信号的功率，但是对于噪声的估计则会偏大，这将导致信噪比的估计偏低。为了能够较为准确地估计噪声，需要在通带内寻找信号能量较低的频率位置，对该位置的噪声进行估计即可以得到较为合适的噪声功率。

根据上述过程得到的各支路信号功率以及噪声功率，可以得到各支路信号功率比，利用下式可以计算复用信号的复用效率：

$$\eta = \frac{\sum_{i=1}^{N} P_i}{P_{\mathrm{all}} - P_{\mathrm{noise}}} \tag{6-24}$$

式中：P_i 为第 i 条支路的功率；P_{all} 为接收信号总功率；P_{noise} 为噪声功率。

2. 支路信号间的相位关系

各支路信号间相位关系的计算方法和调制域评估中信号分量相位误差的计算是相同的，因此受到电离层的影响，只能得到同频点支路信号间的相位关系。表 6-2 给出了复用参数的计算结果。表中的复用效率偏低，主要是因为信号中所包含的军码信号的能量未计算在内。在 Galileo 卫星导航系统的 ICD 中并未给出 E1 频点信号的功率分配，但是通过估计，民用信号的能量约占 1/3，因此复用效率的计算结果具有一定的真实性。图 6-14 给出了 E1 信号的峰均比计算结果。

表 6-2　复用参数

	B1Cd	B1Cp
载噪比/dBHz	95.141 4	95.168 1
支路功率比	1	0.987 7
支路相位差/(°)	0	180.33
复用效率	0.335 1	0.628 16

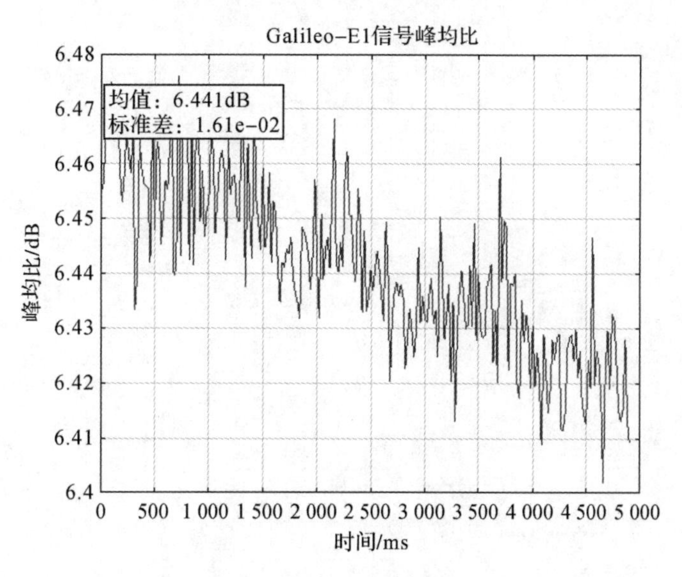

图 6-14　E1 信号峰均比

6.3.7　信号接收性能的评估

根据捕获得到的主峰和次峰比（次峰指本地码与信号相差一个码片之外时得到的最大相关值）可以衡量信号的捕获性能；根据跟踪环路输出的码环鉴相曲线以及载波环鉴相曲线可以计算码跟踪精度和载波跟踪精度，可以用来衡量信号的跟踪性能。

6.4 本章小结

根据上述对评估要素和评估方法研究成果的分析和总结，本章给出了从时域、频域、相关域、调制域、一致域等多层次、多角度的评价指标体系。该指标体系既可以考察信号码片畸变的特征，又可以分析信号的频域特性，不仅能够评估复合信号质量，还可以监测单路信号的性能。该指标体系合理、完整，能够满足现有GNSS信号质量评估的要求。

通过本章的学习，该卫星信号评估指标体系也可以对其他导航卫星系统进行监测和评估，从而为我国北斗系统的建设提供有价值的参考，有利于提高我国卫星导航系统在国际上的竞争力。

6.5 思考题

1. 使用到的GNSS信号的主要调制方式是什么？有什么特点？
2. GNSS信号的频谱图有什么特点？
3. 在GNSS信号的眼图中，你能获取到哪些有用的信息？
4. 在进行频域分析时，使用到了何种方法？

第 7 章　无线电搜救信号的质量评估

7.1　引　言

近些年来，航空搜救作为应急救援的研究热点，一直以来都备受关注，航空应急救援是应对自然灾害和各类突发性事故最为常用的救援措施之一，航空应急救援能力彰显了一个国家社会公共服务的水平，关系到国计民生、国民安危和公共安全。而其中无线电搜救信号质量的优劣直接影响到航空搜救系统性能的好坏。

航空搜救系统能对跳伞飞行员或失事飞机进行定位并开展救援活动，是保证飞行人员安全离机、生存、营救的重要手段，在航空搜救系统中有着各种各样的无线电信号进行传输，针对航空救援这一特殊场景，我们需要对传输的无线电信号进行准确、严格的质量评估，从而使得其中的信号的各项参数都能够处于正常的区间之内，从而这也就对其中传输的无线电搜救信号提出了更高的要求。

针对航空救援这一特殊场景，各个信息系统之间依靠各种无线电信号进行信息的交换和传递，对其中的搜救无限电信号进行质量评估，直接关系到飞行人员能否充分发挥飞机作战效能，对减少作战与训练损失、巩固和提高部队战斗力具有十分重要的作用。

从伊拉克战争到叙利亚战争，多次的局部战争经验表明，战时强电磁对抗环境以及恶劣自然环境会对传输的无线电信号造成不同程度的干扰，继而影响无线电信号测距定位等一系列功能，严重时还会导致救生终端定位不准，乃至丧失搜救能力，因此在这种应用场景下，一套完整的无线电搜救信号质量评估系统需要得到实现。

因此，如何提升航空搜救系统中搜救信号的可靠性和精准度，满足对航空搜救手段“定得准、搜得广、靠得住”，对航空搜救装备“系列化”的核心需求，是亟待解决的重大问题。无线电搜救信号质量评估工作是航空搜救系统建设和运行过程中最重要的环节之一，对于保证导航搜救系统的服务质量具有重要意义。

根据搜救无线电信号的自相关特性和功率谱特性，我们需要对搜救无线电信号从时域、频域、调制域、相关域和一致域等展开研究，还需要评估波形的绘制方法、评估指标的计算方法以及相应计算方法的精度分析，搭建一套完整的无线电搜救信号质量评估体制，并且要分析信号功率谱畸变、码片波形数字畸变和模拟畸变以及多径干扰对信号相关峰、鉴相曲线、相关损耗和跟踪精度的影响。本章将对航空救援中涉及的基本信号进行介绍，并根据信号评估的各种指标和方法进行分析，随后在不同域情况下对无线电搜救信号进行分析。

7.2 无线电搜救信号

下面针对航空救援中使用的无线电信号进行介绍。在航空救援中,通常会使用多种不同的无线电信号进行通信。以下是一些常见的航空救援中使用的无线电信号:VHF(Very High Frequency)通信是航空通信中最常用的一种,用于飞机与地面控制塔之间的通信,VHF 通信使用的频率范围在 118～137 MHz 之间,信号质量通常较好;HF(High Frequency)通信也是航空通信中常用的一种,用于长距离通信,如跨洲际航班,HF 通信使用的频率范围在 2～30 MHz 之间,信号质量相对较差,容易受到天气和电离层等因素的影响;121.5 MHz 频率是国际民航组织规定的应急频率,用于航空事故、飞机失踪等应急情况下的通信,在接收到 121.5 MHz 信号后,救援机构可以迅速响应并展开救援行动;406 MHz 应急信标是一种用于在航空事故、飞机失踪等应急情况下发射信号的设备,它可以通过卫星系统发送信号,从而提高救援效率和准确性。

以上只是航空救援中使用的一些常见无线电信号,实际应用中还可能涉及其他类型的无线电信号,如 UHF(Ultra High Frequency)通信等。不同的通信信号具有不同的特点和适用范围,需要根据具体情况选择合适的通信方式。

航空救援中使用的无线电信号主要包括两种类型:应急信号和通信信号。应急信号是指在航空器遇到紧急情况时发送的一种紧急呼叫信号,它的目的是引起地面救援机构的注意,并请求紧急救援。应急信号通常使用的是国际上通用的频率和编码方式,以便在全球范围内实现互通互联。目前,国际民航组织(ICAO)规定的应急频率为 121.5 MHz 和 406 MHz,应急编码方式主要包括模拟编码和数字编码两种。而在本章的信号质量评估中,主要针对应急信号中的 406 MHz 的频率信号进行评估,原因在于 406 MHz 应急频率主要用于飞行器紧急情况下的救援,其主要作用是快速向救援机构发送紧急呼叫信号,并提供飞行器的位置信息。通过卫星监测和地面救援机构的联动,可以实现对飞行器的迅速定位和救援。因此,406 MHz 应急频率在航空安全方面具有重要的作用。

而通信信号是指在航空器与地面控制中心、空中交通管制部门等通信时使用的无线电信号。通信信号主要用于航空器与地面通信、导航、监控等方面,通常使用的频段包括 VHF(甚高频)频段、UHF(超高频)频段、HF(高频)频段等。不同的频段和编码方式都有不同的应用场景和要求。在航空救援中,无线电信号的应用需要遵守国际民航组织的规定和标准,以确保航空救援工作的顺利进行和人员的安全。

在航空救援中,通常使用无线电通信设备进行通信。这些设备可以发送和接收各种类型的无线电信号,包括语音、数据和图像信号等。其中,最常用的无线电通信技术包括:①AM(幅度调制),使用该技术时,声音信号会被转换成一种模拟的无线电信号,并被加入载波信号中,形成一个 AM 信号。在接收端,AM 信号通过解调器被转换回原始声音信号。②FM(频率调制),该技术也是将声音信号转换成模拟的无线电信号,并将其加入载波信号中。不同于 AM 技术,FM 技术将声音信号的频率作为载波信号频率的变化。在接收端,FM 信号也需要通过解调器来还原出原始声音信号。③短波无线电,该技术使用一组频率很高的无线电信号,它们可以穿透地球的大气层并在远距离范围内传输。在航空救援中,短波无线电通常用于远程通信，例如在大洋中寻找失踪的飞机或船只。④卫星通信，该技术使用卫星作为中继器，可以在全球范围内进行通信。在航空救援中，卫星通信通常用于远程地区或极地地区的通信，如南极或北极等地。

在前面几章的分析中，通信信号的评估涉及信噪比、误码率等评估指标，下面对信噪比、误码率、信号带宽、信号延迟等评估指标进行简单回顾。

(1)信噪比。信噪比是信号和噪声的比例，通常用分贝表示。信噪比越高，说明信号的质量越好，容易被正确解码和解析。

(2)误码率。误码率是指接收到的比特流中错误比特的数量与总比特数之比。对于数字信号，可以通过计算误码率来评估信号质量。通常用百分比或数量表示。误码率越低，说明信号的质量越好，容易被正确解码和解析。

(3)带宽。带宽是指信号所占用的频率范围，通常用赫兹表示。带宽越宽，信号所能携带的信息量越大，传输速率越快。

(4)延迟。延迟是指信号从发送端到接收端所需的时间。延迟越小，说明信号传输速度越快，实时性越好。

(5)信号清晰度。使用收音机或其他接收设备来评估信号清晰度。当信号清晰度高时，可以更容易地听到和理解通信内容。

(6)信道容量。信道容量是指无线电信道传输的信息量。当信道容量高时，可以传输更多的数据。

(7)信号带宽。在某个时间间隔内，一个信号能够占据的频率带宽。信号带宽越宽，信号能够携带的信息就越多。

(8)多径传播。信号传播时经历的多条路径。在航空救援中，信号的传播路径可能受到山峰、建筑物等障碍物的影响，导致信号经过多条路径到达接收端。如果这些路径的差异很大，可能会引起相位失真、时延扭曲等问题，从而影响信号质量。

(9)抗干扰能力。信号抵御外部干扰的能力。航空救援现场可能存在各种类型的干扰源，如雷电、电力线、天气等。如果信号能够有效地抵御这些干扰，就说明该信号具有很好的抗干扰能力。

(10)波形失真。波形失真是指信号在传输过程中形状发生变化的程度。波形失真越小，说明信号传输质量越好，容易被正确解码和解析。

(11)信号强度。信号强度指的是信号的电磁场强度，通常以 dBm 为单位来表示。在航空救援中，我们可以使用特定的工具来测量信号强度。

(12)通信距离。通信距离指的是无线电信号可以有效传输的距离。在航空救援中，我们可以根据设备的性能和环境条件等因素，预测信号的通信距离。

对于这些指标，为了评估通信信号的质量，可以使用专业的测试设备和软件对信号进行测试和评估。例如，可以使用频谱分析仪来分析信号的频谱，使用误码率测试仪来测试误码率，等等。此外，还要根据具体应用场景的需要，选择合适的调制方式、频率、功率等参数，以提高信号的质量和可靠性。

而在信号的评估方法上，我们根据信号作用的不同域来进行分类评估，通过在不同域下对信号进行的分析和评估，使整个信号评估过程更加清晰完善。

信号评估的方法可以分为以下几类：①时域分析是对信号在时间轴上的变化进行分析。常见的时域分析方法包括波形分析、自相关函数分析、时域反演等。时域分析可以反映信号的周期性、稳定性、幅值、时间延迟等特征。②频域分析是对信号在频率域上的特性进行分析。常见的频域分析方法包括傅里叶分析、功率谱分析、频域滤波等。频域分析可以反映信号的频率分布、频率分量、频谱密度等特征。③统计分析是对信号进行随机性分析。常见的统计分析方法包括平均数、标准差、协方差、自相关函数等。统计分析可以反映信号的随机性、相关性、噪声等特征。④级联分析是对信号在多个维度上进行综合分析。常见的级联分析方法包括小波变换、奇异值分解等。级联分析可以反映信号在时域、频域、空间域等多个维度上的特征。⑤调制指数是评估调制信号质量的一种方法。它可以衡量调制信号中主要频率和总频谱宽度之间的比率。在理想情况下，调制指数应该是接近 1 的。⑥信号质量指数(SQI)是一个用于评估通信信号质量的数值，它通常由接收器自动计算。它可以基于一系列信号参数，如信号强度、信噪比、位错率等计算得出。SQI 越高，信号质量越好。⑦技术规范和标准，针对不同类型的信号和应用场景，相关的技术规范和标准通常都会规定一些评估指标和测试方法。通过遵循这些规范和标准，可以进行比较准确和可靠的信号评估。

以上是几种常见的航空救援中使用的无线电信号质量评估方法。在实际应用中，这些评估方法可以单独使用或结合使用，并及时采取措施来改善信号质量，以获得对无线电信号质量的全面评估，评估结果可以用于优化通信系统、提高通信质量和决策救援行动。综上所述，信号评估的方法有多种，选择合适的方法取决于信号的特征和需要评估的指标。

在正式对航空救援中的搜救信号进行评估之前，我们需要了解航空搜救是怎样进行的以及其中需要哪些信号进行沟通。航空搜救是一种紧急救援方式，通常在遇到紧急情况时使用。航空搜救通常由航空器、搜救机构和搜救人员组成。以下是航空搜救的一般流程：首先确认紧急情况，航空搜救通常由机组人员、空中交通管制员或其他相关人员发起。一旦发现可能存在紧急情况，应该立即通知搜救机构。其次发送信号，在紧急情况下，可以发送不同类型的信号，如应急定位发射器(Emergency Locator Transmitter，ELT)、应急位置指示无线电标志器(Emergency Position Indicating Radio Beacon，EPIRB)或个人应急位置指示器(Personal Emergency Locator Beacon，PLB)。这些信号可以在地面或空中接收到，以确定需要救援的位置。再次是展开沟通和救援，一旦确定了救援位置，可以使用无线电或其他通信手段与受灾人员沟通，以确定情况并提供指导。根据救援需求和条件，可以采取不同的救援方式，如空投物资、飞机空降救援队员、直升机搜救等。

在航空搜救中，主要的信号是 ELT、EPIRB 和 PLB。这些信号通常使用频率为 406 MHz 的卫星进行发送和接收。对于这些信号的分析和评估，可以采用上面提到的信号评估方法和指标，如信号强度、信噪比、信号清晰度、误码率和信道容量等。评估结果可以帮助确定需要救援的位置，并指导救援行动。按照整个搜救流程，首先是接到求救信号，当收到求救信号时，搜救机构会立即启动搜救行动。另外需要确定求救位置，通过收集和分析求救信号和其他相关信息，搜救机构可以确定求救位置。最后就是发送救援，根据求救位置和搜救资源的可用性，搜救机构将派遣航空器和搜救人员前往救援。

对于无线电搜救信号，可以按照以下步骤进行分析和处理：首先是信号采集，使用信号采集设备对信号进行采集。然后对信号进行预处理，对采集到的信号进行预处理，包括去噪、滤波、降采样等。其次对信号进行特征提取，从信号中提取特征，包括频率、幅度、相位、能量、时延等。另外对信号的特征进行选择，根据应用场景的需要，选择合适的特征进行分析和评估。接下来就是信号分析，通过分析信号特征，得出信号的性能和质量指标，包括信噪比、误码率、时延、信道容量等。最后是信号评估展示，根据信号的性能和质量指标，对信号进行评估，以确定其适用性和可靠性。同时将评估结果以图表、报告等形式进行展示，以便用户参考和决策。

7.3　无线电搜救信号的接收及数据预处理

在对无线电搜救信号进行质量评估分析之前，需要对无线电信号进行数据的接收和预处理，下面将对搜救无线电信号的预处理方法进行介绍。

7.3.1　接收信号预处理方法

预处理的目的是对所接收的协议转换后的数据进行合理性检验、剔除野值和做必要的系统误差修正和公共误差修正，对各类观测数据进行检验、系统误差修正和其他处理，为进一步的信息处理做前期数据准备。

无线电搜救信号质量评估需要进行的数据预处理主要包括数据格式化、数据归一化、通道均衡、干扰分析与剥离，最终输出多普勒估计值、码相位估计值和载波相位估计值等，如图 7－1 所示。

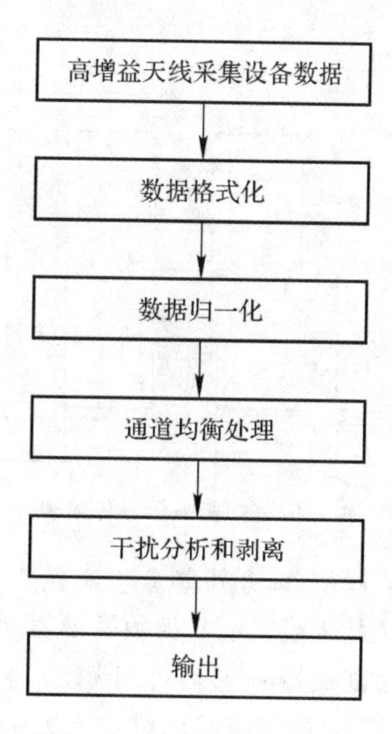

图 7－1　信号预处理流程图

1. *数据归一化方法*

无线电搜救信号经射频通道后进入数据采集设备，经过 ADC 采样后，变为 16 位二进制编码数据,若直接恢复成浮点数,则并不能真实反映信号幅度,并且在计算过程中会出现计算溢出现象。因此,在进行数据分析处理前,需要对数据进行归一化处理。

$$D=\sqrt{\frac{1}{N}\left[\sum_{k=1}^{N} I^{2}(k)\right]} \tag{7-1}$$

式中:N 为 1 支路数据取样点数。

但对于 BOC 调制信号及多路复用信号,由于解调后得到的信号取值通常不只是两个,有可能为四种或八种,所以通常采用如下方法:

$$D=\sqrt{\frac{1}{N}\left[\sum_{k=1}^{N} \frac{I^{2}(k)}{I_{\_\mathrm{ref}}{}^{2}(k)}\right]} \tag{7-2}$$

式中:$I_{_\mathrm{ref}}(k)$为 I 支路信号本地生成参考信号。试验表明,这种利用实测信号与本地参考信号波动方差的归一化方法更能反映信号的真实幅度特性。

2. 通道均衡处理方法

对无线电搜救信号进行质量评估的目的是要能够客观、准确地反映信号发射端生成信号经发射通道和空间传输后到达接收机时的真实信号质量。对于测试评估系统而言,就是要能够反映到达评估天线口面处信号的失真情况。信号分析软件的输入是模数转换器输出的数字信号。无线电信号从天线口面到模数转换器之间经过了场放、滤波、下变频等若干中间处理环节。

如图 7-2 所示,设发射卫星导航信号为 $x(t)$,经过空间通道传输后信号可写为 $\hat{x}(t)=x(t)+n(t)$,其中,$n(t)$表示传输通道的各种误差,经过 ADC 采样后的数字信号可表示为 $\hat{x}(k)=x(k)+n(k)$。

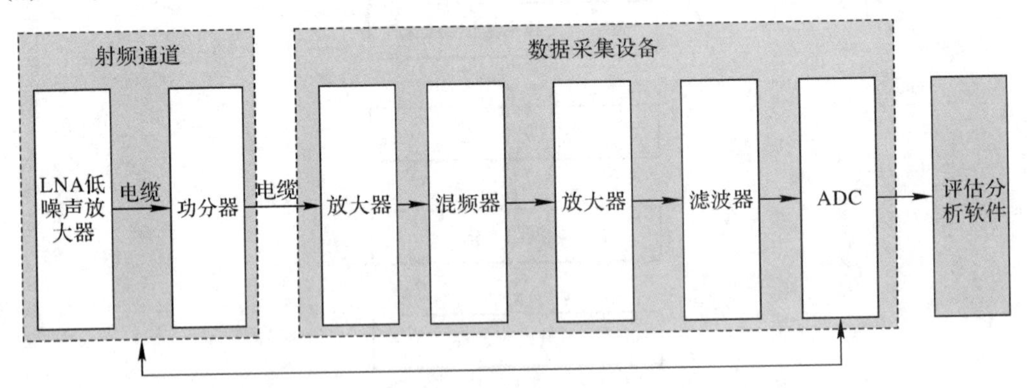

图 7-2　加入信道均衡前信号传输和分析流程

这些中间处理环节除了引入噪声外,还可能会引起接收无线电信号的幅频特性和相频特性的少量失真。假定评估系统从天线口面到模数转换器间的等效低通传输特性为$h_{c}(t)$,则整个传输系统可认为信号经过滤波器$h_{c}(t)$后得到 $\hat{x}(k)$,然后进入离线数据分析软件。

$h_{c}(t)$是一个带限线性滤波器,它的频率响应可表示为 $H_{c}(\omega)=|H_{c}(\omega)|\mathrm{e}^{\mathrm{j}\angle H(\omega)}$。$h_{c}(t)$和$H_{c}(\omega)$ 是一对傅里叶变换对,$|H_{c}(\omega)|$是信道的幅频相位,$\angle H(\omega)$是信道的相频相位。若要实现传输信道的无失真,需满足以下两点:

(1)在带宽范围内$|H_{c}(\omega)|$是常数,否则引起振幅失真。

(2)在带宽范围内$\angle H(\omega)$是频率的线性函数,否则引起相位失真。

下面以图7-3为例来简单说明一下不同信道传输特性。图中第一行表示的是幅频特性曲线,第二行为相频特性曲线。最左列的两幅图表示输入信号频谱幅频和相频曲线,主瓣在[-200 kHz,200 kHz]范围内,在主瓣和各旁瓣内相频特性曲线是线性的。

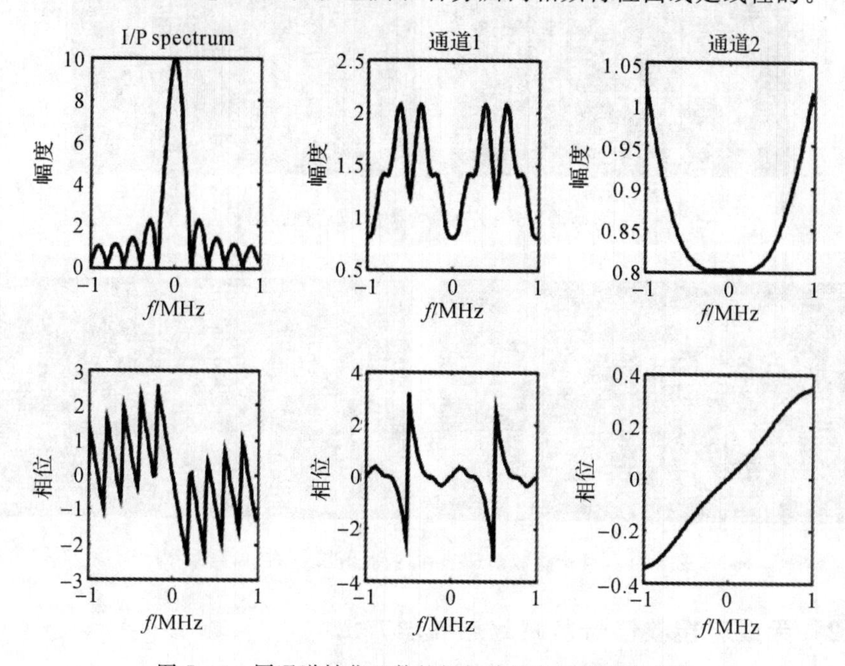

图7-3 同通道转化函数的幅频特性和相频特性曲线

中间一列为通道1转化函数的幅频特性曲线,在信号主瓣[-200 kHz,200 kHz]范围内并不是平坦的,而且相频特性曲线在此范围内也是非线形的。最右一列为通道2转化函数的幅频特性曲线,在信号主瓣[-200 kHz,200 kHz]范围内基本上是平坦的,而且相频特性曲线在此范围内也是基本线性的,因此相比通道1,通道2带来的信号畸变较小,对无线电信号质量评估结果的准确性影响较小。

实际评估系统由于设备的限制,幅度失真和相位失真通常同时存在。对导航系统而言,振幅失真主要影响相关损耗,从而使用户接收机的信噪比略微下降。而相位失真除了造成相关损耗增大,也是S曲线偏差的来源,因此相位失真也是高精度接收机中定位误差和授时误差的来源。

空间信号质量评估主要是为评估信号到达接收机天线口面时的信号质量,而由测试评估系统自身原因造成的信号失真,并不反映信号本身的真实质量情况,因此必须予以消除。由于相位失真相比幅度失真给信号质量评估带来的影响更大,所以对测试评估系统而言,均衡器重点是要消除相位失真。于是采用信道均衡的方法来消除评估系统自身造成的信号失真。在信道传输和分析软件之间,可以加入一个等效低通传输函数为$h_e(t)$的均衡滤波器。通道均衡就是寻找适当的可调滤波器$h_e(t)$,使得在分析信号带宽内$h_e(t) * h_c(t)$满足无失真传输条件,最重要的是要保证无相位失真。

图7-4和图7-5分别是均衡滤波前、后的信号星座图和均衡滤波前、后的信号眼图。

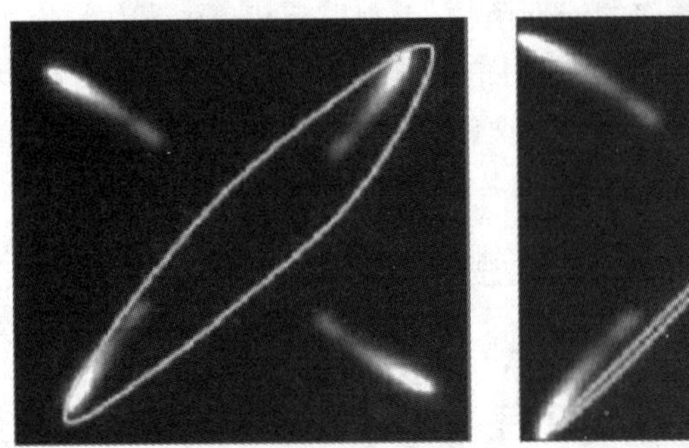
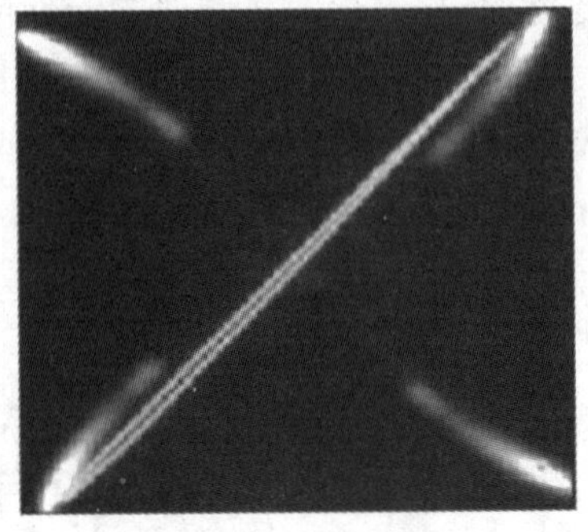

图 7-4　均衡滤波前(左)和均衡滤波后(右)信号星座图

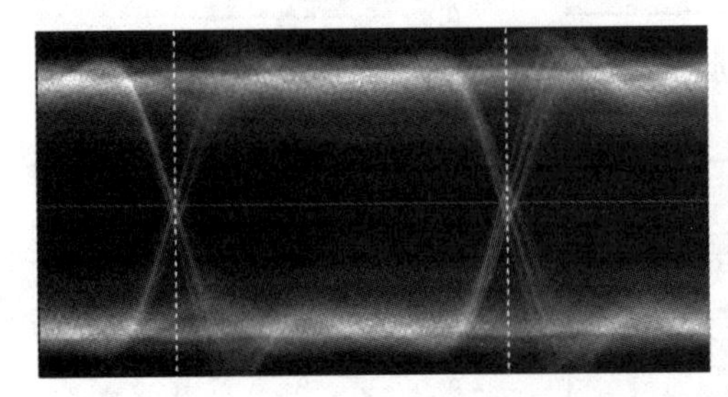
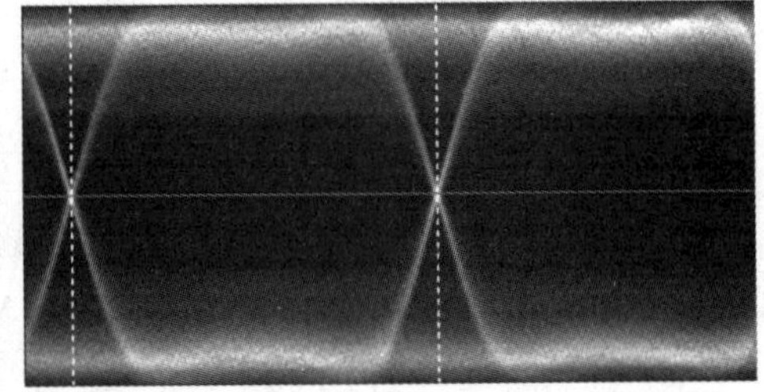

图 7-5　均衡滤波前(左)和均衡滤波后(右)信号眼图

7.3.2　无线电搜救信号监测数据处理方法

卫星射频信号的监测主要是对信号的功率和功率谱进行实时监测，采用高精度标准测量仪器作为评估手段，来满足实时性和高精度的要求。监测评估系统一般利用频谱仪监测信号功率谱和带宽，利用功率计监测下行信号功率。

无线电搜救信号质量的检测评估，利用标准仪器实时检测信号射频参数，利用检测接收机采集信号的码伪距、载波相位等参数，利用高精度、高速率采集设备实现信号采集，同时还对周边干扰、气象进行检测，对信号质量评估系统进行定期校准，最大程度减小空间传播和地面接收环节引入的对信号质量评估的影响。

由于测量仪器直接监测空间射频信号，观测结果中还包含了接收信道和电磁环境的影响，所以需要统计分析一段时间内的监测结果，并利用通道模型、干扰模型减弱通道和干扰对信号功率测量值、功率谱、波形和调制误差等观测数据的影响。射频信号监测数据处理流程如图 7-6 所示。

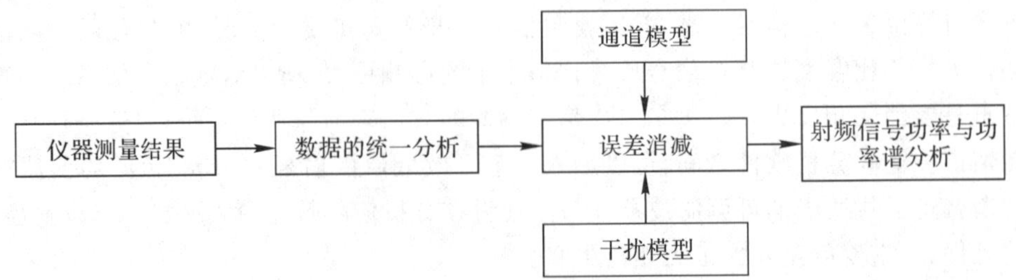

图 7-6　射频信号监测数据分析流程

1. 功率监测数据处理

影响无线电搜救信号地面接收功率的主要因素有发射功率的变化(老化或故障)、天线的指向精度、大气层(电离层、对流层)活动等。通过准确估计信号接收功率,监视信号地面接收功率的变化规律,可以获得接收机工作状况等信息。在正常情况下,接收机工作状况是稳定的,我们可以通过长期监测地面接收功率,来分析电离层、对流层的活动对信号接收的影响。

如果射频前端采用AGC(自动增益控制),并能实时精确给出增益大小,则结合仪器测量值便可估计出接收信号功率;若射频前端采用固定增益模式(不采用AGC),则可以直接利用功率计或频谱仪监测接收信号功率变化。

但是通常情况下,L频段存在较多的电磁干扰,而功率计采用的是宽频测量方式,在接收到有效信号的同时,大量干扰也同有效信号一起进入功率计,影响测量结果。由于频谱仪可以预设信号带宽,所以可以有效地抑制带外干扰,确保测量结果的真实准确性。我们在实际工作中,通常采用频谱仪来测量信号的主瓣功率,并对测量结果平滑运算,以此来分析信号的稳定性。

2. 功率谱监测数据处理

频谱仪是射频信号监测的最佳设备。频谱仪能够测量并记录信号的功率谱线。由于可能存在不确定的干扰和噪声,所以对谱线进行短时的周期累加平均,得到累加平均后的功率谱线,以此来描绘接收信号功率谱。另外,还可利用频谱仪的连续监测能力,长时间连续采集信号功率谱,画出功率谱线色温图,观测信号功率谱长期的稳定性,并可分析干扰信号的频率和存在的时间等特性。

7.4　无线电搜救信号离线采集数据处理方法

在无线电搜救信号质量监测评估中,除了利用高精度标准测量设备对射频信号进行长期的实时监测,最主要和重要的手段还是利用高精度信号采集卡和高精度监测接收机,对信号进行离线数据采集(见图7-7)和测距性能的实时监测。通过对无线电信号采集数据进行离线分析,能够实现更高精度、更可靠的信号质量评估,可以有效地评估信号异常。无线电搜救信号采集数据处理过程如下:

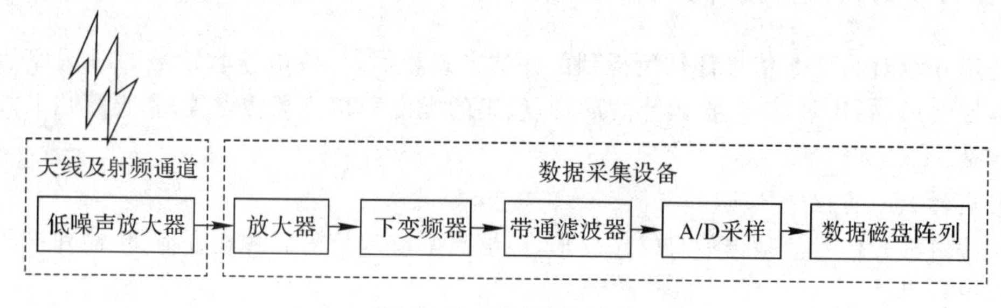

图7-7　信号采集过程

(1)数据归一化后,首先利用通道模型实现通道补偿和通道均衡处理,剔除接收通道对信号质量评估结果的影响,在剔除影响的基础上,评估下行信号合路后的功率谱特性。

(2)利用干扰模型剔除干扰对信号质量评估结果的影响,利用同频点信号的频域结构模型在频域上实现信号分离,评估分离后的单路信号功率谱特性。

(3)频域分离后的数据进入软件接收机,进行信号捕获、跟踪和解调处理,获得信号捕获曲线、载波环鉴相曲线、码环鉴相曲线、S曲线偏差和译码数据等结果,实现无线电搜救信号的捕获、跟踪、解调和译码性能评估。

(4)软件接收机估计采集信号的载波频率和相位、子载波频率与相位、测距码频率与相位,估计结果辅助实现信号的载波剥离、子载波剥离、测距码剥离、二次码剥离和数据解调。

(5)分别对无线电信号的码片时域波形、测距码正确性、眼图特性分析、星座图、调制误差、相关曲线、相关损耗、子载波与测距码相干性、测距码间相干性、测距码与二次码相干性、测距码与电文相干性等性能进行评估。

7.4.1 功率谱估计方法

对于无线电搜救信号频域的分析,主要是通过分析接收信号的功率谱及其包络,比较其与理想信号之间的差异,测量功率谱包括主瓣零点宽度、信号带宽以及中心频率,综合考察信号频谱失真程度。

功率谱估计常用的方法有直接法和间接法。直接法即先取长度为 N 的数据 $x(k)$,然后对其进行傅里叶变换得到频谱 $X(w)$,取频谱与其共轭的乘积得到 $X(w)X^*(w)$,即为接收信号的功率谱估计结果。而对于间接法来说,先计算 N 点样本数据的自相关函数,然后取自相关函数的傅里叶变换,即得到功率谱的估计。但是这两种方法估计出的功率谱不够精细,而且分辨率较低。另外,截短对信号的功率谱估计结果会有一定的影响,例如,截短后高斯白噪声均值和方差统计特性均有变化,若对一段正弦信号截短,则信号两端幅值均会有较大的跳变,频域表现为频谱泄漏现象。

因此,需要对其进行修正,可将信号序列 $x(k)$分为 n 个互不重叠的小段,对每段分别进行谱估计,然后将 n 段数据谱估计结果求平均,将这个平均值作为整段数据的功率谱估计结果。另外,还可将信号序列 $x(k)$分为 n 个互相重叠的小段,这样对评估结果会有一定程度的改善。这种利用数据分段来评估信号功率谱的方法称为平均周期图法。

7.4.2 时域波形估计方法

与第6章对GNSS信号评估所提到的评估方式相似,无线电搜救信号的时域评估也可以从时域波形、码片赋形(包括码片波形特点、码的幅度和相位翻转点等)和眼图几个方面来综合评估。

1.码片赋形特性评估

无线电搜救信号的基带信号时域波形,能够真实反映信号码片在发射、传输和接收过程中的通道特性。

图7-8给出了码片赋形特点分析示意图。图中虚线表示理想标准信号码片波形,实线表示畸变信号码片波形。很明显,畸变信号波形的幅度有较大程度的失真,不仅不是常数,而且有较大的波形抖动,其中的“delta”代表抖动幅度变化情况,“f_d”表示幅度抖动的频率。

从图中还可以看出，码片波形的相位翻转点与理想波形也有稍微的不一致，实测无线电信号有可能达到几十纳秒的延迟或提前。通过统计码片点数，还可估计接收信号码片速率及码片的数字畸变。从图中还可看出，每个码片波形的前、后沿不一致，如图中A处和B处，这种现象一般是由信道的滤波特性造成的，而接收端滤波器的影响可能性更大一些。

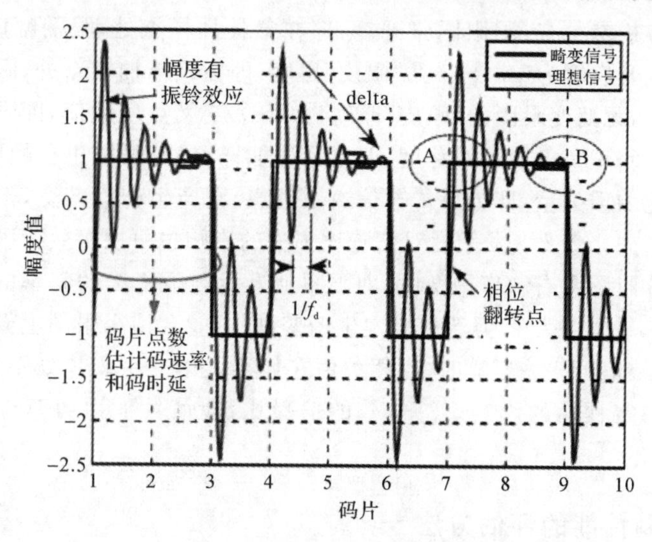

图7－8　信号采集过程码片赋形特点分析示意图

对于实际接收到的无线电信号，若接收天线增益不够高（如小于20 dB），则解调后的无线电信号只能大致辨识出信号的部分特点，还不足以精确描述接收码片波形特性。

图7－9为低噪声比条件无线电搜救信号直接解调后码片波形。

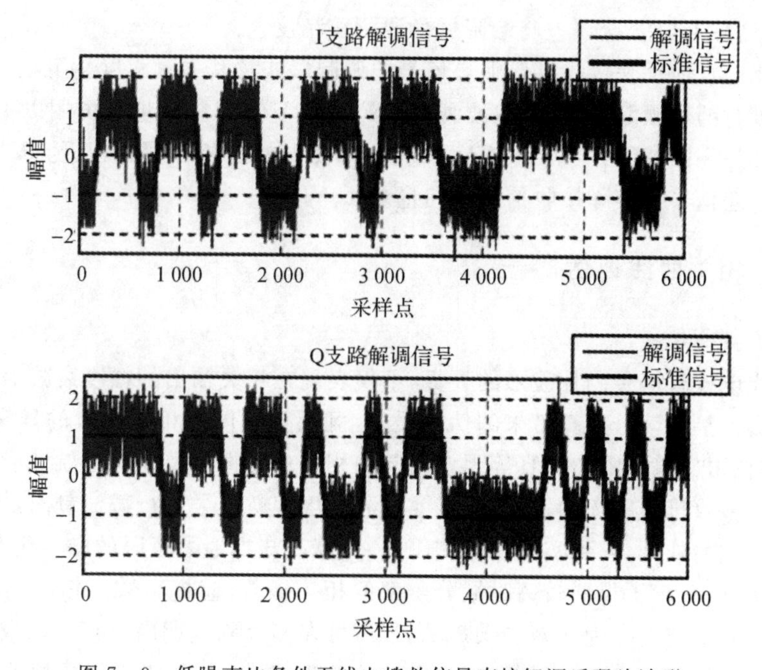

图7－9　低噪声比条件无线电搜救信号直接解调后码片波形

2. 眼图特性评估

观测眼图可以对信号的质量做出定性和定量的分析。其可以提供有关数字传输系统性能的很多信息，可以看出码间串扰的大小和噪声水平的强弱，可以看出码片波形是否存在模拟畸变和数字畸变。

眼图的重要分析参数有：①眼图张开度，即在最佳抽样点处，眼图幅度的“张开”程度。无畸变信号眼图的开启度为100%。②“眼皮”厚度，即在最佳抽样点处，眼图幅度的闭合部分与最大幅度之比，无畸变眼图的“眼皮”厚度为0。③交叉点发散值，即眼图波形过零点交叉线的发散程度。④正负极性不对称度，即在最佳抽样点处，眼图正负幅度不对称的程度。⑤等效信号信噪比的损失量，即如果传输信道不理想，则产生传输畸变，带来的影响可看成有效信号的能量损失，交叉点发散度对信噪比损失的影响也可以等效为眼图张开度对信噪比损失的影响。⑥眼图左右斜率平衡度，即眼图上升沿与下降沿的斜率的比值。理想情况下眼图的左右斜率平衡度为1，但若信号发生畸变，则可能会使得眼图上升沿和下降沿斜率不同，从而可能导致信号相关运算时，互相关值在偏移大于一个码片处不为零，同时对相关损耗的计算也有一定程度的影响。⑦信号的信噪比，即信号平均功率与噪声平均功率的比值。

7.4.3 调制性能的评估方法

导航系统一般采用扩频体制，不同支路之间的伪码近似认为相互正交，对于普通用户来说，I/Q 正交性的影响可以忽略。但对于高端接收机来说，为了提高跟踪精度和改善接收灵敏度，一般需要在 I/Q 测距码相互正交的前提下，进行联合载波跟踪。若存在正交误差，则会带来载波相位跟踪偏差，影响高精度定位性能。同样地，对于联合 I/Q 进行伪码跟踪的接收机来说，这种 I/Q 正交误差将会降低伪码跟踪精度。

星座图能直观地反映接收导航卫星信号的调制形式及其失真程度。卫星导航信号进入软件接收机进行捕获跟踪后，输出载波剥离后的基带 I/Q 调制分量。可用以下参数来综合评估接收信号星座图特性：I/Q 幅度不平衡度、幅度误差和相位误差以及 EVM 值(在给定时刻理想无误差信号与实际接收信号的向量差)。

7.4.4 相关曲线评估

1. 相关函数曲线

接收无线电搜救信号码片波形的失真，不仅表现在相关输出的幅度衰减上，还会引起相关函数的变形。接收信号失真带来的伪距误差，可以直接体现相关函数的异常。利用相关曲线，可以评估由信道带限和失真等因素引起的相关功率损耗及其对导航性能的影响。

根据软件接收机跟踪环的输出，对接收的无线电搜救信号进行载波剥离，由测得的信道传输特性进行均衡处理，得到实测信号测距码，计算其与本地参考码的归一化互相关。在实际系统工程实现中，为了得到较高时域分辨率的相关函数，应提高数字信号的采样率，或采用多周期重叠累加技术。为了减少噪声的影响，可在多个码周期内对相关函数进行平均。

关峰畸变一般是由发射端射频、数字电路故障造成的，主要畸变包括相关峰扁平、相关峰波动以及相干峰不均匀不对称。这些畸变最终将导致伪码测距结果偏离正常值,特别是导致宽窄相关测距结果不一致。这种导航信号波形畸变,虽然在中心站星历与钟差计算过程中,以及原有的完好性监测机制中,都不容易被发现,对一般用户也无明显影响,但对差分用户来说,由于用户机与基准站工作于不同的延迟锁相环带宽,所以会带来较大的差分定位误差。

2.评估参数

相关峰的评估目的是,将实测相关函数与理想相关函数进行对比,通过对实测相关曲线的相关损耗、S 曲线偏差、相关函数的不对称性、相关函数中心距、宽窄多相关器输出结果等的分析,评估由限带滤波、噪声、多径等引起的相关函数畸变,评估其码相位的一致性,分析接收信号对测距性能的影响。

(1)相关损耗。相关损耗是指在信号设计频带带宽上的实际接收信号功率,与在同样频带带宽上理想相关型接收机中所恢复的信号功率间的差值。理想相关型接收机的输入是理想信号波形,滤波器是带宽为信号设计带宽,且该带宽内相位是线性的理想锐截止滤波器。

引起相关损耗的原因主要有以下几点:①同一载频复用多信号分量,而所需信号分量功率只占总功率的一部分。②信道限带和失真等的影响使得输入信号与本地参考信号不匹配。相关损耗越低,伪距测量精度越高,接收机门限越低。

(2)S 曲线偏差。理论上,接收机码环鉴相曲线(曲线)的过零点,即码环的锁定点,应位于码跟踪误差为零处。而实际上,由于信道传输失真、多径等的影响,码环鉴相曲线常锁定在相位有偏差的地方。最大程度减小噪声的影响,可在多个码周期内进行平均处理。同时,为减小不同信号分量之间互相关的影响,还需针对不同的互相关情况进行平均。

(3)互相关对称性。波形失真的影响不仅表现在相关损耗和 S 曲线偏差,它还会引起相关函数的变形,最具危害的是对称性的丧失。相关损耗仅从功率方面评估通道特性对信号的影响,对失真具体形式无法评估。S 曲线偏差计算复杂,需要遍历所有相关器间距,并且对相关峰曲线的对称畸变无法评估。相位调整方向是由超前和滞后相关输出的相对幅度决定的,只有互相关函数左右对称才能实现无偏跟踪。

相关峰不对称所产生的影响可以用跟踪误差来衡量。由于绝对跟踪误差必须由理想无畸变的峰作为参考来计算,所以我们可以计算出对于单一相关器间隔的各种 PRN 码的相对跟踪误差。若所有接收的无线电搜救信号畸变相同,则得出的跟踪误差随相关器间隔变化的曲线应该是重叠的,变化大的表明存在较大的测距误差。

(4)多相关器的输出。利用测量型监测接收机对同一卫星伪码测距结果的多相关器输出,以及宽窄相关器测距结果的互相符合性,实现对导航信号的监测。由于测量型监测接收机每频点有两通道:一个监测接收信号的相关峰,另一个监测自检信号的相关峰,内部的后处理软件负责两种相关峰、宽/窄相关器伪距一致性的比较,以此来监测接收无线电搜救信号是否存在畸变。设置不同的相关器间隔,利用 S 曲线过零点,得出在不同相关器间隔下的测距结果,根据这些结果的变化情况进一步分析信号相关峰曲线失真情况。

(5)中心距。相关峰曲线的形状直接反映信号的畸变、多径效应、带限失真和干扰等对无线电搜救信号的影响。利用波形的二阶中心矩特性,分析相关峰形状的变化。

中心矩分析方法的优点是,克服了 S 曲线偏差分析方法的局限性,缺点是无法与具体的用户测距误差相结合。因此,若将上述方法综合起来,则可全面评估接收导航信号性能,准确判断接收信号是否存在畸变。

7.5 接收机测距数据处理方法

监测接收机的测距结果,能够集中反映无线电搜救信号的稳定度、一致性、多径等性能。接收机测距数据分析要先确定数据的有效性,在接收机观测数据中会标示测量时间段的信号状态,如载噪比、健康状态和周跳等,标示健康的数据才能进行数据分析。

接收机测距数据主要分析码伪距与载波相位的稳定性、同频点信号之间的相位一致性、不同频点间信号相对一致性、码与载波相对一致性、测距码与载波多径五个方面。

7.5.1 测距码一致性评估

测距码一致性评估也称为相干性评估,主要是对测距与载波一致性、不同频点相同测距码间一致性和相同频点不同测距间一致性进行评估。

7.5.2 测距码稳定性评估方法

对监测接收机观测伪距和载波相位的稳定性进行分析,可以评估无线电发射信号的稳定性。

由于对无线电搜救信号离线采集数据的分析,只能分析信号收发端在短时间内的工作性能,而监测接收机由于可以长期连续监测卫星信号质量,所以可以评估卫星在较长时间内的工作状态。

对测距稳定性的评估,主要通过对伪距和载波相位观测量的拟合残差的分析来评估伪距和载波相位的稳定性。取一段时间的观测数据,根据最小二乘法原理来进行多项式的拟合,然后对拟合多项式进行平滑,使拟合数据与原始观测数据具有最小的拟合差。

可以根据拟合残差的变化范围,来判断码伪距和载波相位观测量的稳定性,并进一步根据拟合残差的分布情况,来分析测量结果的特性。例如,若残差是由测量噪声引起的随机波动,则拟合残差近似服从均值为 0 的正态分布。

7.6 特殊数据的处理方法

7.6.1 干扰数据处理方法

常见的干扰主要包括窄带干扰、宽带干扰及脉冲干扰等,这些干扰将直接影响用户接收机工作性能,最终影响用户的定位解算,严重的干扰将导致接收机不能正常工作,影响导航信号服务性能。

首先将接收到的中频导航数据信道化,逐个信道监测是否包含干扰信号,若包含干扰,则估计信号前后沿及瞬时频率,判断是否为点频(连续波)信号,若非点频信号,则进一步判断是否为调频信号、BPSK 信号、QPSK 信号、QAM 信号、LFM(线性调频)信号、FSK 信号或其他调制信号类型，然后根据各调制类型的干扰进行相应的干扰剔除。

在实际工程实现中，干扰数据分析软件利用监测接收机的干扰结果和干扰采集数据，实现干扰信号频域参数检测、到达时间估计、调试方式识别等特征分析和信号识别，把分析获得的参数与干扰模型库中的参数相比较，根据前期先验信息获得干扰信号模型，确定干扰对信号质量评估结果的影响。

7.6.2　标校数据处理方法

由于地面监测评估系统的整个接收通道对接收导航卫星信号会有一定程度的影响，为最大程度减小地面接收处理环节对信号质量评估结果的影响，更加真实地反映接收信号本身的信号质量，需要定期对整个地面接收系统进行标校。将标校获得的通道幅频、相频和群时延等参数与通道模型库中数据比对，去除地面接收通道环节对信号质量评估的影响。

7.6.3　气象监测数据处理方法

除了干扰和地面接收处理环节的影响外，空间传播环境（如温度、湿度、气压等）会对信号质量评估带来一定程度的影响。为进一步消除或减轻不同气象环境对信号质量评估工作的影响，需要将气象监测获得的温度、湿度和气压等参数与通道模型库中的数据比对，获得场区周边气象环境模型，用以确定信号接收通道和大气传输通道参数，信号质量综合评估软件调整参数设置，最大程度上保证分析结果的真实可靠。

7.7　单项要素评估内容及方法

7.7.1　载波和子载波质量评估

评估参数主要包括载波幅度稳定性和相位稳定性，信号功率及其稳定性、谐波抑制、杂波抑制、子载波频率、子载波波形。主要目的是评估卫星信号幅度和相位稳定性、子波波形是否存在畸变、发射功率稳定性以及信号收发设备对谐波和杂波抑能力。

对于载波和子载波质量的评估，输入数据包括射频信号监测数据（信号功率、信号功率谱、信号波形）、标校结果数据、干扰监测结果和气象数据监测结果。评估方法如下。

1. 载波质量评估

利用高采样率示波器，监视载波信号波形，查找并记录相位突变点和功率变化情况，评估载波幅度和相位连续性；利用高精度频谱仪 Marker 功能，测量单载波信号功率，根据通道功率标校结果，推算天线口面接收功率；再利用大气衰减模型，计算天线出口信号功率。在发射端发射条件允许的情况下，长期观测信号功率，评估其稳定性，利用高精度频谱仪，观测发射带宽内信号功率分布情况，记录较高能量点功率值，比对电磁环境监测与标校结果，判定信号来自星上，并测量谐波抑制与杂波抑制。

2. 子载波质量评估

对采集的数据先进行预处理完成相位预估、干扰剔除、通道均衡，然后剥离信号载波，复现子载波、测距码、二次码和电文调制波形。由于子载波频率高于测距码，可分析整周边缘未进行调制的子载波，分析其频率和波形。根据信号设计频率指标和信号多普勒频移评估子载波频率。根据复现后子载波波形与标准方波信号比较，分析波形是否存在失真。

7.7.2 测距码质量评估

测距码质量评估参数主要包括测距码的波长、波形、速率、正确性和互相关性，以及二次码的波形特点。测距码质量评估的主要目的是通过恢复各频点各支路信号的码片波形，构建眼图，分析码片波形的失真度，反演信道传输特性，并采用相应指标加以度量。

对于测距码质量的评估，输入数据主要包括无线电搜救信号离线采集数据、标校结果数据、干扰监测结果和气象数据监测结果。评估方法如下：

对采集到的数据先进行预处理估计完成相位预估、干扰剔除、通道均衡，然后剥离载波和子载波，复现信号的码片波形，比对标准码片波形，分析码片波形畸变，包括模拟畸变和数字畸变。对齐采集数据码片的初始相位，剥离主测距码，复现二次编码，由于二次编码与电文频率不一致，查找整周期二次编码波形，评估其波形是否存在失真。

对于测距码正确性的评估，评估参数主要有测距码的一致性指示、差错矢量、差错概率。其中一致性指示用1个标志位来指示测距码正确性。对比空中信号的测距码序列和接口文件定义的码序列，若完全相同，则该标志位为0，否则为1。当接收序列和预定义序列不一致时，给出差错矢量，指示差错出现位置。该矢量仅在两序列不相同的对应位置取值为1，其他位置取值为0。而差错概率则定义为码序列差错位与码长之比。

7.7.3 调制性能的评估

调制性能的评估主要包括对接收无线电信号的功率谱特性（包络的对称性、平滑性、与理想包络拟合度、99%功率信号带宽、信号带外能量分布）、调制信号包络、眼图、调制性能（信号I/Q载波相位正交误差和幅度误差、星座图、EVM）、相关性能（相关峰曲线波形、相关损耗和S曲线偏差）。评估的目的是通过频谱失真程度、码片的码间串扰和噪声水平、信号调制误差，分析有效载荷调制环节工作状态，评估由信道带限和失真等因素引起的相关功率损耗及其对导航性能的影响。

利用信号体制设计标准信号功率谱、电磁环境监测结果和通道标校结果，建立被测信号功率谱模型，作为评估比较模版，分析比较频谱仪采集的信号功率谱曲线与功率谱模板，如连续发生曲线严重失真，则做出指示并标记时间。对谱线失真时间段内采集的数据进行干扰剔除和通道均衡后，利用Welch周期图法分析其精细谱，将接收导航信号频谱包络与理想信号频谱包络进行对比，考察其相似度，判别频谱畸变现象。

利用信号体制设计标准信号眼图、电磁环境监测结果和通道标校结果，建立被测信号眼图模型，作为评估比较模板，分析比较矢量信号分析仪采集的眼图与眼图模板，如连续发生曲线严重失真，则做出指示并标记时间。对眼图失真时间段内采集的数据进行干扰剔除和通道均衡后，绘制眼图曲线。将接收导航信号眼图与理想信号眼图进行对比，考察其相似度，判别畸变现象。

利用信号体制设计标准信号星座图、电磁环境监测结果和通道标校结果，建立被测信号星座图模型,作为评估比较模板,分析比较矢量信号分析仪采集的眼图与眼图模板,并评估测量的 I/Q 载波相位正交误差、I/Q 幅度误差、EVM,如连续发生曲线严重失真,测量参数超出该环境下的指标,则做出指示并标记时间。对眼图失真时间段内采集的数据进行干扰剔除和通道均衡后,绘制眼图曲线,并计算 I/Q 载波相位正交误差、I/Q 幅度误差、EVM。将接收导航信号眼图与理想信号眼图进行对比,考察其相似度,判别畸变现象,分析参数测量结果异常原因。

利用信号体制设计标准测距码波形、电磁环境监测结果和通道标校结果,建立被测信号相关峰分析模型,作为评估比较模板,对采集的数据先进行预处理完成相位预估、干扰剔除、通道均衡,然后恢复各信号分量的码片波形,使其与理想码进行相关运算,得到相关函数,对比相关峰分析模板,从而进一步评估相关函数的对称性、相关损耗、S 曲线偏差评估结果。

7.8 综合评估内容和方法

7.8.1 功率评估

功率评估主要是对接收无线电搜救信号的 EIRP 及功率稳定度进行评估。其目的是评估地面接收功率变化情况和发射功率稳定性。功率评估所需的数据来源包括射频信号监测输出的扩频信号通道功率、标校结果数据、干扰监测结果和气象数据监测结果数据。

在进行发射端信号 EIRP 值测试时,由运控系统控制发射端载荷分别输出单载波和扩频调制信号,分别测量这两种条件下的 EIRP,然后根据天线提供方位俯仰角度测量数据,利用已知的地面站增益值、场放增益,利用精密星历计算发射端到测试站的距离折算成路径衰减,估算出信号下行 EIRP 值。计算信号通量密度是否满足国际电联规定。

信号 EIRP 稳定度测试:连续一段时间测量 EIRP 值,将测量值送给计算机统计处理,得到该段时间内 EIRP 值的稳定度。

7.8.2 相干性的评估

相干性的评估主要是对测距码与载波的相干性、测距码与子载波的相干性、测距码间的相干性、测距码与二次码间的相干性以及测距码与导航电文的相干性进行评估。

1. 测距码与载波的相干性

通过评估测距码与载波的伪距差,分析测距码与载波相干性,考察测距码与载波是否严格相干。输入数据包括监测接收机输出的载波相位、码伪距/多普勒频移数据、标校结果数据、干扰监测结果和气象数据监测结果数据。

由于测距码和载波都是基于同一时钟源产生的,所以在正常情况下应该严格相干,二者存在确定的相位关系。即使星钟存在偏差和频漂,载波频率与码速率之比也应严格等于标称值。为了评估载波相位和测距码的相干性,可以对载波和测距码独立跟踪(解除载波环对码环的辅助耦合)。

2. 测距码与子载波相干性

通过评估测距码与子载波之间的定时偏差和均方根误差,分析测距码与载波相干性,评估测距码与子载波之间是否严格相干。输入数据包括卫星信号离线采集数据、标校结果数据、干扰监测结果和气象数据监测结果数据。评估参数包括定时偏差和均方根误差。

定时偏差:测距码第一码片上升沿与子载波上升沿时差的均值。

均方根误差:测距码第一码片上升沿与子载波上升沿时差的均方根值。

在正常情况下,测距码第一码片上升沿位置与子载波上升沿位置应严格对齐,接收机相干积分时间与主伪码周期重合。若测距码与子载波之间出现定时偏差会带来相关损耗。

分析的方法是对采集的数据先进行预处理完成多普勒频移和相位预估、干扰剔除、通道均衡,再进行载波剥离,采用独立的环路对子载波进行跟踪,以解扩后的信号作为测距码跟踪环的输入,分别估计测距码相位和子载波相位,即可计算出定时偏差。计算一段时间内的定时偏差,统计均方根误差。

3.测距码间的相干性

通过评估测距码之间伪距偏差,分析测距码间相干性,评估频间/频内测距码之间是否严格相干。输入数据包括监测接收机输出的载波相位/码伪距/多普勒频移数据、标校结果数据、干扰监测结果和气象数据监测结果数据。评估参数包括定时偏差和均方根误差。

测距码间的相干性分为不同频点相同测距码间的相干性和同频点不同测距码间相干性。分析的方法是对数据先进行预处理完成多普勒频移和相位预估、干扰剔除、通道均衡,然后评估码间相干性。

4.测距码与二次码间的相干性

通过评估测距码与二次码之间的定时偏差、均方根误差,考察主码与二次码之间是否严格对齐。输入数据包括卫星信号离线采集数据、标校结果数据、干扰监测结果和气象数据监测结果数据。

在正常情况下,主码第一码片上升沿位置与二次编码上升沿位置严格对齐,接收机相干积分时间与主伪码周期重合。若主码与二次编码之间出现定时偏差,相干积分时间内可能出现二次编码翻转,带来相关损耗。

评估的方法是对采集的数据进行干扰剔除后,先进行预处理,然后进行解调后,解除参考信号二次编码与主码的耦合关系,采用独立的环路对二次编码进行跟踪,以解扩后的信号作为二次编码跟踪环的输入,分别估计伪码相位和二次编码相位,即可计算出定时偏差、长时间统计、均方根误差。

7.8.3 多径特性评估

多径特性包括载波多径和码多径两种。评估参数包括多径误差均值、多径误差标准差、多径误差概率分布、多径误差谱。下面来简要介绍各参数的含义:

(1)多径误差均值:统计多径误差的均值。

(2)多径误差标准差:统计多径误差的标准差。

(3)多径误差概率分布:统计多径误差的概率密度函数。

(4)多径误差谱:基于多径误差测量的时间序列,利用傅里叶变换,分析其谱特性。

1.载波多径

通过评估载波多径误差、多径误差均值、多径误差标准差、多径误差概率分布、多径误差谱,测量由于多径效应引起的载波测距误差。输入数据包括监测接收机输出的载波相位、标校结果数据、干扰监测结果和气象数据监测结果数据。在传统的双频导航数据处理中，载波多径效应一般通过双频定位残差来分析。

2. 码多径特性评估

通过评估码多径误差、多径误差均值、多径误差标准差、多径误差概率分布、多径误差谱，测量由于多径效应引起的伪码测距误差。输入数据包括监测接收机输出的载波相位和多普勒频移数据、标校结果数据、干扰监测结果和气象数据监测结果数据。

3. 接收性能评估

通过分析捕获曲线、软件接收机 PLL 和 DLL 环路输出、电文编码特性，评估信号捕获、跟踪和解调性能。输入数据包括搜救无线电信号离线采集数据、标校结果数据、干扰监测结果和气象数据监测结果数据。评估方法如下：

对采集的数据先进行预处理完成相位预估、干扰剔除、通道均衡，然后送入软件接收机。软件接收机输出载波剥离后，恢复各信号分量码片波形，使其与理想码进行相关运算，得到相关函数，进一步评估相关函数多峰之间幅度与相位关系，利用软件接收机对信号数据进行处理，软件接收机输出捕获环路、PLL、DLL 和解调结果。考察在空间环境下，信号相关曲线在码偏移和频率偏移情况下的幅度、相位变化。考察 PLL 和 DLL 环路输出收敛特性和稳定性。考察信号电文编码性能和误码率。

4. 测距稳定性评估

通过分析载波相位拟合残差及其概率分布、码伪距拟合残差及其概率分布，评估信号测距性能的稳定性。输入数据包括监测接收机输出的载波相位/码伪距、标校结果数据、干扰监测结果和气象数据监测结果数据。

分析的方法是对数据先进行预处理完成多普勒频移和相位预估、干扰剔除、通道均衡，再对测距稳定性进行评估。

7.9 本章小结

本章首先针对无线电搜救信号质量评估所需的各类数据，包括射频信号监测数据、无线电搜救信号离线采集数据、监测接收机测距数据、干扰监测数据、标校数据及气象监测数据等，分别对不同数据的处理方法进行了详细描述，然后依据信号体制设计的单项要素，包括载波（射频载波和子载波）、测距码（主测距码和二次编码）、电文信息、调制方式四个方面，提炼进行空间信号质量评估单项要素内容，并依据无线电搜救导航信号性能评估内容和技术要求，凝练导航信号质量综合评估内容，分别对各项单项要素和综合评估内容的评估方法进行详细介绍。

7.10 思考题

1. 在本章中，无线电搜救信号使用的主要频段是多少？
2. 无线电搜救是怎样的一个过程？而其中无线电搜救信号发挥了何种作用？
3. 无线电搜救信号在评估过程中会受到哪些干扰因素的影响？
4. 在无线电搜救信号的质量评估中，使用到了哪些基本的参数指标？

第 8 章　信号质量评估的可视化分析

8.1 引　　言

信号质量评估的可视化分析就是通过数据可视化的方式对信号进行质量评估，以便用户更加直观地了解信号的特征和性能。本章首先简单介绍信号质量监测评估软件的功能和结构，然后分别从时域、频域和一致域等多个方面，全面评估导航信号的分析质量，并给出可视化分析结果。

利用第 6 章和第 7 章中给出的信号质量评估方法，开发导航信号质量分析软件，能够分别对北斗、GPS 和 Galileo 在轨卫星以及无线电搜救信号在内的常用信号进行全面的质量监测与评估，验证评估方法的可行性及有效性，在本章有针对性地展示出具有代表意义的结果，并且从采集信号离线分析的角度，对接收卫星信号的功率及功率谱、码片时域特点、调制性能、相关函数特性和接收性能进行分析和评估，利用接收机观测量分析接收信号的测距稳定性、相干性、码多径和载波多径性能。

8.2 信号质量评估软件介绍

对于信号质量评估的可视化分析，主要通过设计好的软件来对各种信号的信息进行呈现和展示，在进行可视化展示之前，将对可视化分析软件进行简单介绍，如图 8－1～图 8－4 所示就是信号加载的界面展示，信号载入后进入主程序界面。通信导航信号特征提取识别软件界面，如图 8－1 所示。软件界面可分为 3 个主要部分：频谱显示区域，如图 8－2 所示；特征参数显示区域，如图 8－3 所示；程序功能区，如图 8－4 所示。

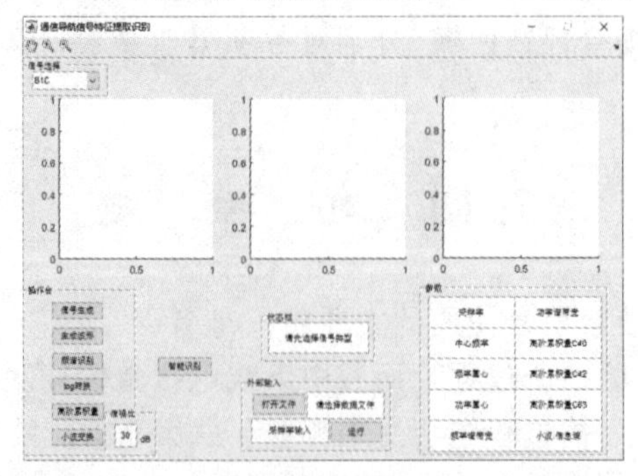

图 8－1　通信导航信号特征提取识别软件界面

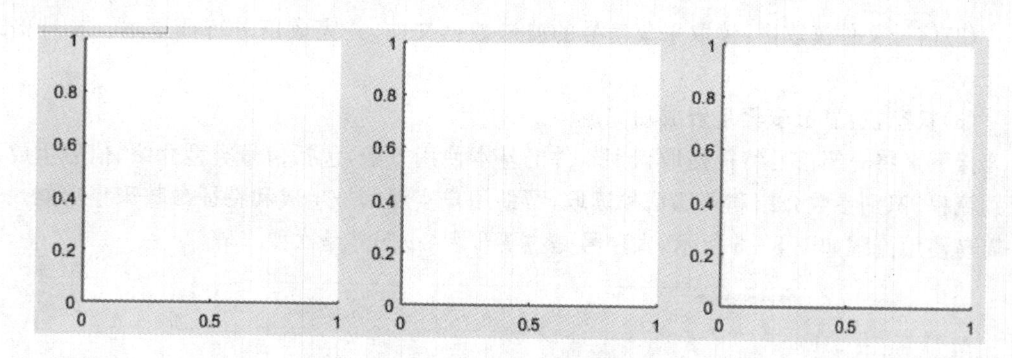

图 8-2　频谱显示区域界面

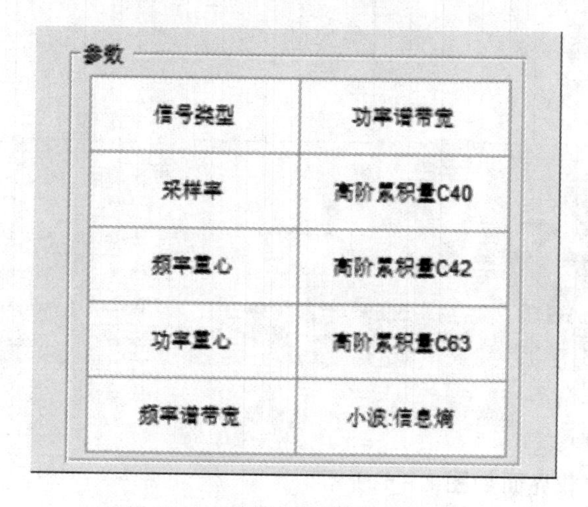

图 8-3　特征参数显示区域界面

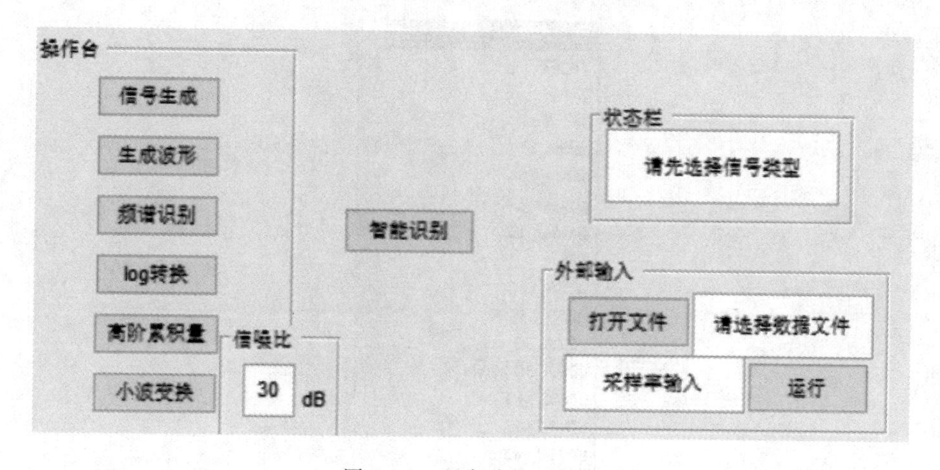

图 8-4　程序功能区界面

程序设置功能区分为以下三个部分。

(1)信号操作区(左侧两个操作框):按流程生成/读取信号并进行信号特征显示和智能识别。

(2)信号文件读取区:读取采集信号的波形数据文件,并完成信号特征显示。文件格式为.csv。

(3)状态栏:显示步骤是否成功完成。

接下来将介绍信号特征提取识别软件的基本使用方法,包括信号类型介绍、信号生成与识别流程、识别参数介绍和外部信号读取,帮助用户实现信号生成和特征参数采集功能。软件简易使用流程如图 8-5 所示,大序号是主要步骤,小序号是次要步骤。

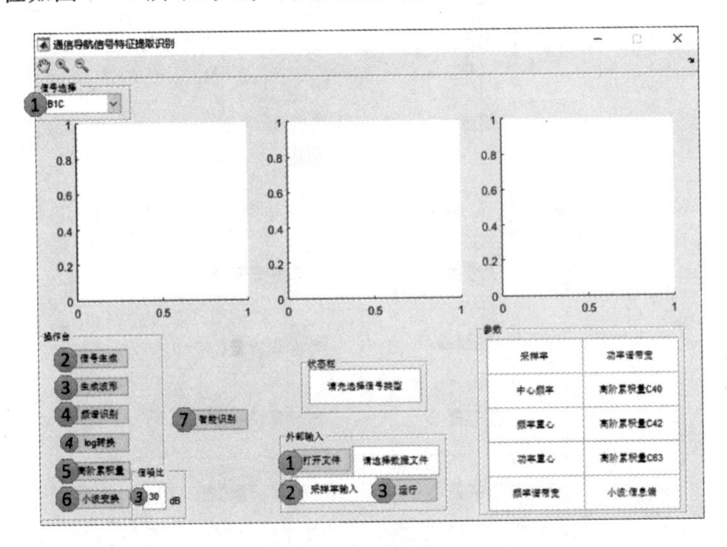

图 8-5　软件整体框架

信号的选择和加载界面如图 8-6 所示。

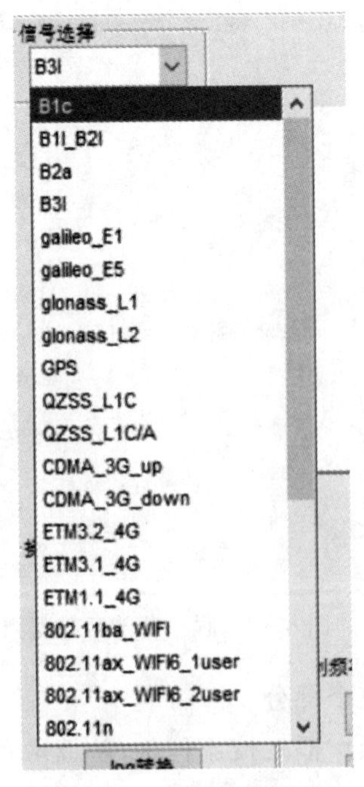

图 8-6　信号选择菜单

可以选择不同的信号来进行分析。以北斗 B3I 信号为例，点击选择 B3I 信号，状态栏和参数栏会显示选择的信号，如图 8－7 所示表示信号选择完成。

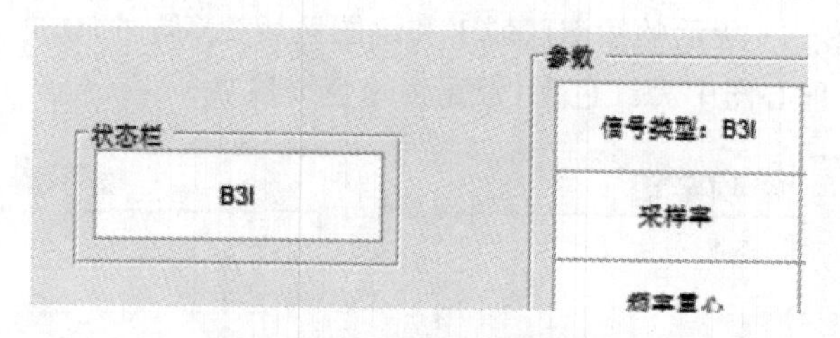

图 8－7　状态栏和参数栏

信号选择完成后，就可以在操作台中选择“信号生成”。软件将在第一个绘图区域显示 200 b未扩频的原始信号或者传输符号，用于下一步生成波形，如图 8－8 所示。

图 8－8　B3I 原始信号

原始信号显示后，可以在操作台中选择“生成波形”。软件将在第二个绘图区域显示调制载波后的信号波形和信号采样率。用户可以使用界面左上角的拖拽、放大(见图 8－9)、缩小工具查看细节。

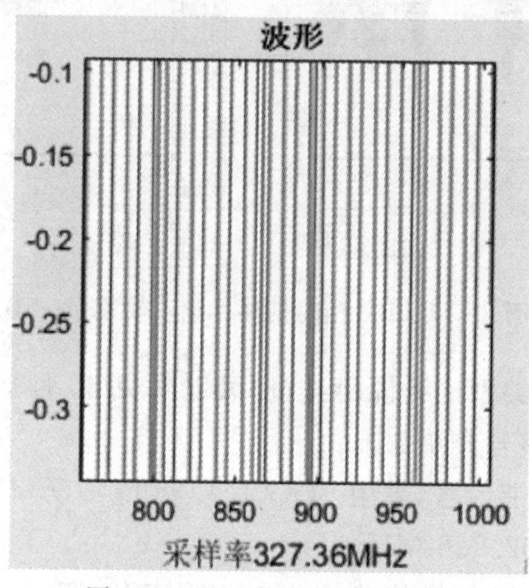

图 8－9　B3I 信号波形(放大)

在波形显示后，选择操作台中的“频谱识别”。软件会读取信噪比栏内的数值，模拟信号经过高斯噪声信道，根据采样率计算波形的频率谱和功率谱，并将频率谱和功率谱分别绘制在如图 8－10 和图 8－11 所示的绘图区域 1 和绘图区域 2。同时，软件会根据频率谱和功率谱计算重心和带宽，重心图中为红色点，带宽为绿色线段。

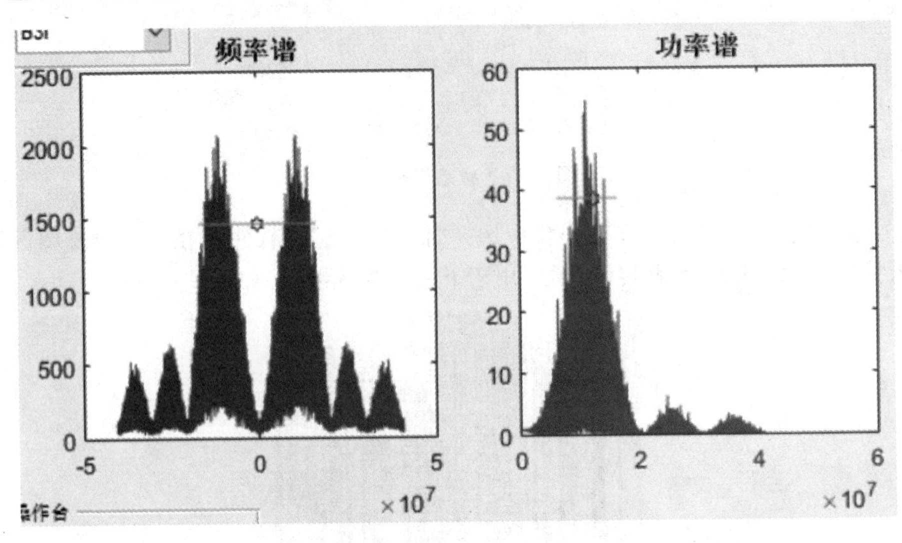

图 8－10　B3I 信号的频率谱和功率谱

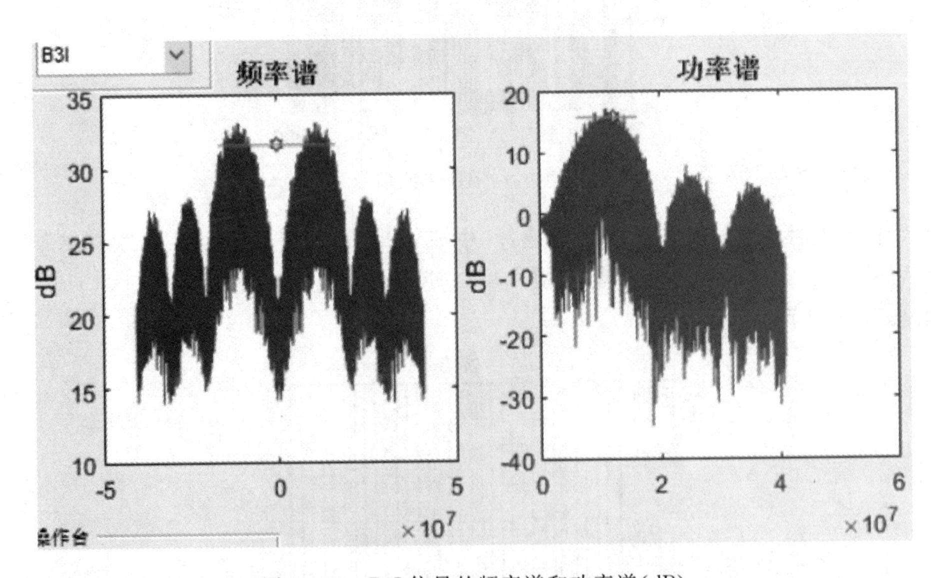

图 8－11　B3I 信号的频率谱和功率谱(dB)

这里，我们需要对信号类型进行说明：软件可以生成 30 种通信导航信号，包括 11 种导航信号和 19 种通信信号，信号介绍如下：

B1C：北斗 B1C 信号基带信号，采用 BOC(1,1)和 BOC(6,1)调制。实际信号载波频率为 1 575.42 MHz，带宽为 32.736 MHz。

B1I，B2I：北斗 B1I 和 B2I 信号基带信号，采用 QPSK 调制。两信号数据格式相同，B1I

载波频率为 1 561.098 MHz，带宽为 4.092 MHz，B2I 载波频率为 1 207.140 MHz，带宽为 20.46MHz。

B2a：北斗 B2a 信号基带信号，采用 BPSK(10)调制。实际信号载波频率为 1 176.45 MHz，带宽为 20.46 MHz。

B3I：北斗 B3I 信号基带信号，采用 BPSK 调制。实际信号载波频率为 1 268.520 MHz，带宽为 20.46 MHz。

galileo_E1：欧洲伽利略 E1 信号基带信号，采用 CBOC(1,6,1/11)调制。

galileo_E5：欧洲伽利略 E5 信号基带信号，采用 AltBOC(15,10)调制。

glonass_L1：俄罗斯格洛纳斯 L1 波段基带信号，采用 BPSK 调制。

glonass_L2：俄罗斯格洛纳斯 L2 波段基带信号，采用 BPSK 调制。

GPS：美国 GPS 信号基带信号，采用 BPSK 调制。

QZSS_L1C：日本 QZSS 系统 L1C 信号基带信号，采用 BOC(1,1)调制，有两路正交的信号。

QZSS_L1C/A：日本 QZSS 系统 L1C/A 信号基带信号，采用 BPSK 调制。

CDMA_3G_up：3G 上行信号，CDMA2000 格式，上行频率范围为 825～835 MHz。

CDMA_3G_down：3G 下行信号，CDMA2000 格式，下行频率范围为 870～880 MHz。

ETM3.2_4G：ETM3.2 格式的 4G 信号，FDD。

ETM3.1_4G：ETM3.1 格式的 4G 信号，TDD。

ETM1.1_4G：ETM1.1 格式的 4G 信号，FDD。

802.11ba_WIFI：802.11ba 格式的 WIFI 信号。

802.11ax_WIFI6_1user：单用户 WIFI6 信号。

802.11ax_WIFI6_2user：双用户 WIFI6 信号。

802.11n：802.11n 格式通信信号。

5G_uplink：5G 上行信号。

5G_downlink：5G 下行信号。

Bluetooth：蓝牙信号。

FM：数字调频仿真信号。

无人机控制信号：无人机控制上行信号，也称为调频信号。

BD_SOS_uplink_baseband：北斗搜救用户端基带信号，采用 DSSS - OQPSK 调制，符合 Cospas - Sarsat 406 MHz 遇险信标规范。

BD_SOS_uplink_RF：北斗搜救用户端上行信号，采用 DSSS - OQPSK 调制，符合 Cospas - Sarsat 406 MHz 遇险信标规范。

BD_SOS_downlink_return：北斗搜救卫星下行信号，符合“Cospas - Sarsat 406 MHz MEOSAR 实施计划”1 及 T.016“Cospas - Sarsat MEOSAR 系统中使用的 406 MHz 有效载荷的描述”文件规范。

雷达 LFM：雷达线性调频脉冲信号。

调幅广播：数字调幅广播信号。频率为 535～1 605 kHz，带宽为 10 kHz。

UWB：超宽带信号，利用纳秒级的非正弦波窄脉冲传输数据，因此频谱范围很宽。

当导入和添加好.csv格式的数据文件之后，在“采样率输入”中输入信号的采样率，软件会按照流程显示信号频谱和信号参数，如图8-12所示。

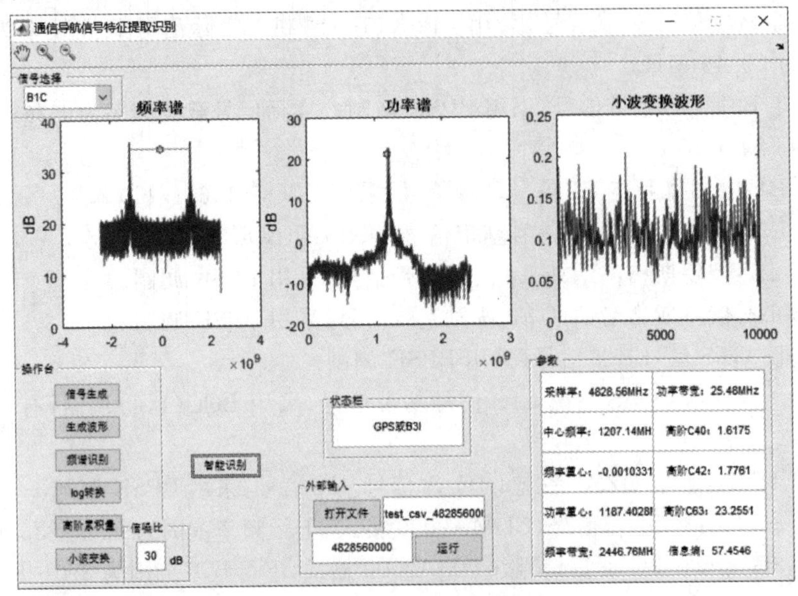

图8-12　信号读取模块运行结果

8.3　GNSS全系统信号质量分析

8.3.1　评估软件界面介绍

软件载入后进入主程序界面。GNSS信号生成、评测软件界面如图8-13所示。软件界面可分为3个主要部分：功能显示区域，如图8-14所示；设置功能区，如图8-15所示；数据信息输入、显示区域，如图8-16所示。

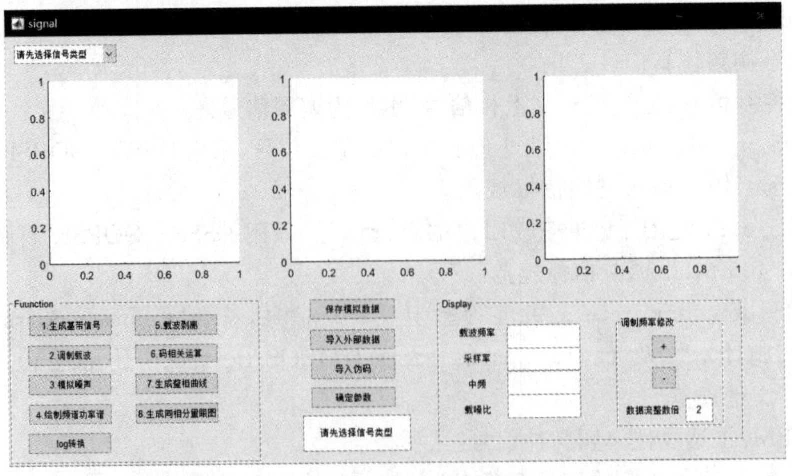

图8-13　GNSS信号生成、评测软件界面

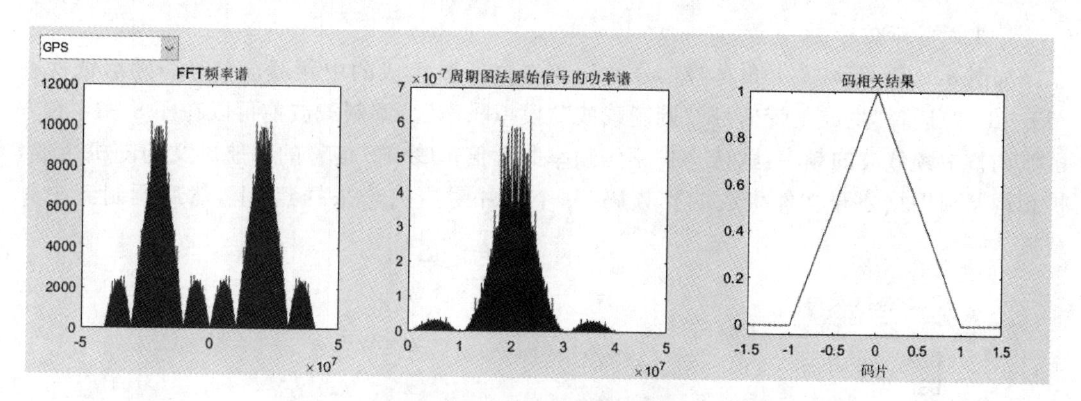

图 8-14　功能显示区域界面

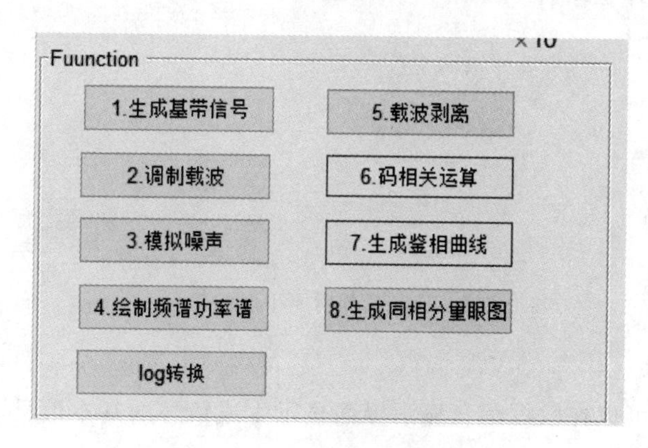

图 8-15　设置功能区界面

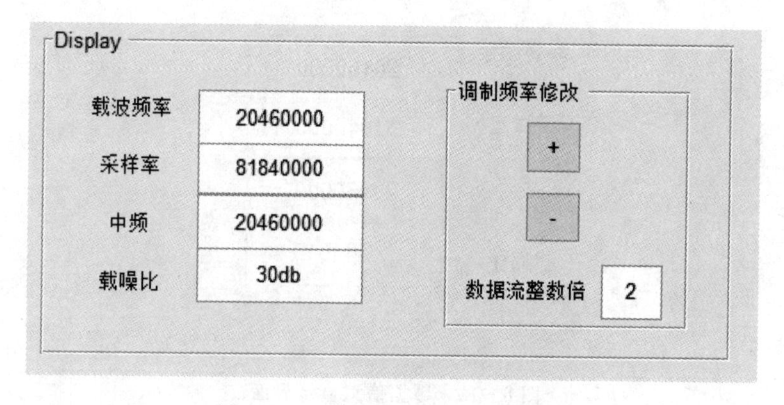

图 8-16　数据信息输入、显示区域

8.3.2　评估软件使用

本节给出 GNSS 信号生成、评测软件界面软件的基本使用方法，包括本地生成 GNSS 中频载波信号，对信号进行频谱分析、基带信号眼图、相关曲线、S 曲线的分析，同时能对一定处理后的外部信号进行导入，做同样的分析。

8.3.2.1　本地信号生成与分析

1. 生成基带信号

如图 8-17 所示，左上角选择信号类型可选择所要生成的中频载波信号。随后依次在图 8-15 中选择“生成基带信号”“调制载波”“模拟噪声”。调制载波前可以在图 8-16 右方区域调整中频载波的频率，默认为扩频码频率的 2 倍。GNSS 信号的导航电文为随机生成，扩频调制到根据公开文件生成的扩频码（一个码片对应一个采样点）上，然后调制到中频载波。

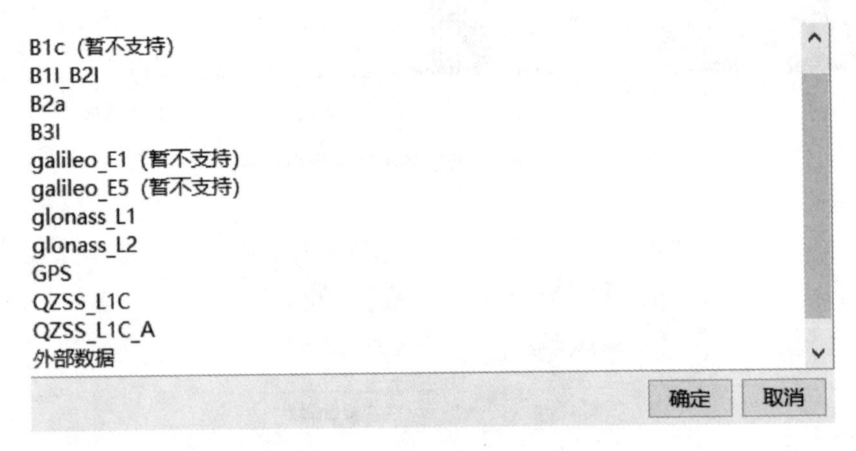

图 8-17　选择所要生成的信号

2. 数据信息显示

在调制载波后，可以在数据信息显示界面显示生成信号的基本信息，如图 8-18 所示。

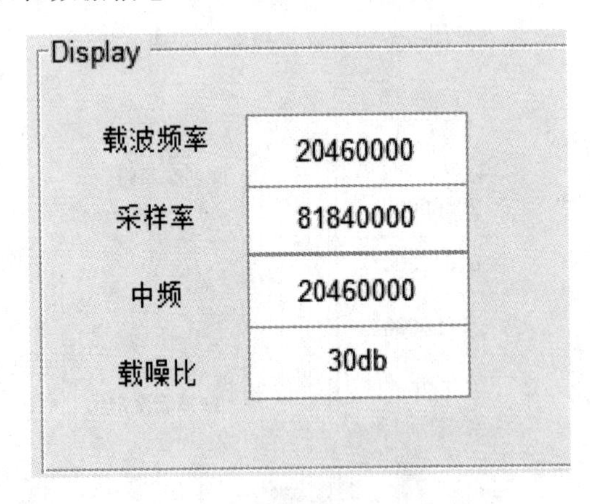

图 8-18　数据信息显示界面

3. 信号分析

在生成中频信号后，依次点击图 8-15 中的“绘制频谱功率谱”“载波剥离”“码相关运算”“生成鉴相曲线”进行信号分析，如图 8-19 和图 8-20 所示。

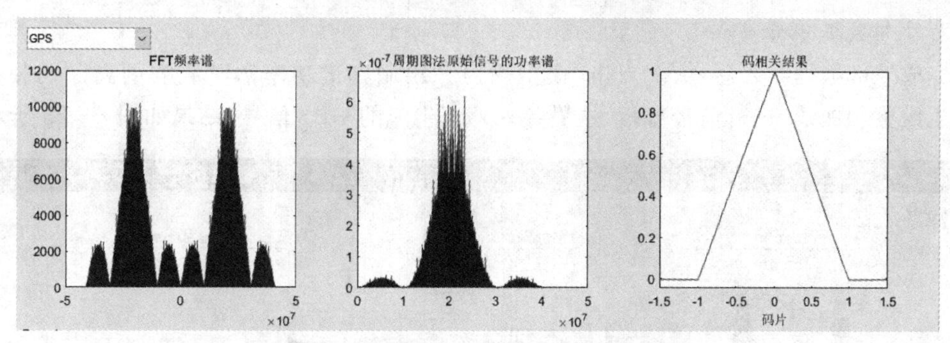

图 8－19　频率谱、功率谱、码相关分析结果

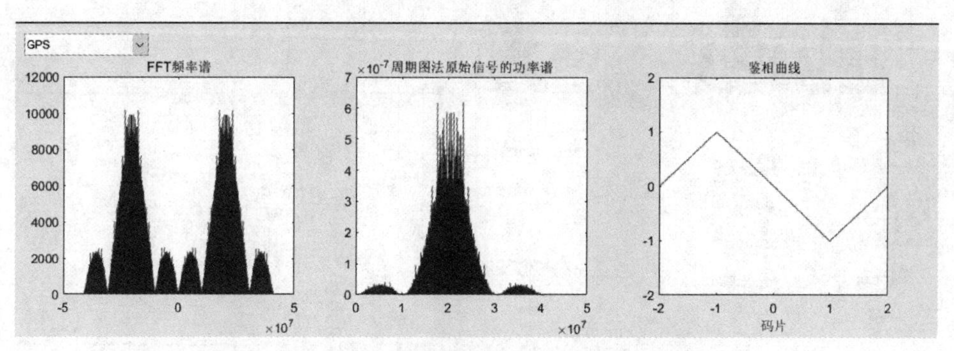

图 8－20　频率谱、功率谱、鉴相曲线分析结果

8.3.2.2　导入外部数据

GNSS 信号生成、评测软件界面软件可以导入简易的外部载波信号、伪码，并作同样的分析。软件要求采样率、中频频率为数据整流倍数的整数倍。

1. 导入外部数据

如图 8－21 所示，在信号选择框选择“外部数据”，然后依次导入外部信号（bin，double）、单周期外部扩频码，在数据信息显示界面依次输入“载波频率”“采样率”“中频”，点击“确定参数”即完成外部数据的导入，如图 8－22 所示。实际过程中无法确认本地的扩频码采样点与外部数据对齐，因而加入导入伪码功能。

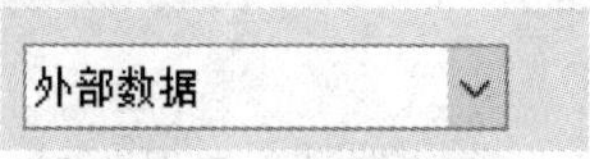

外部数据

图 8－21　选择外部数据

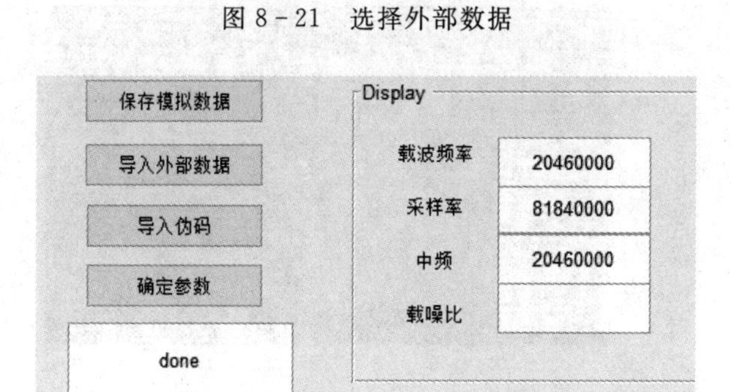

图 8－22　完成外部数据的导入

2. 外部数据分析

完成外部数据导入后，依次点击“模拟噪声”“绘制频谱功率谱”“载波剥离”“码相关运算”“生成鉴相曲线”进行信号分析，这里导入外部生成的 GPS 信号，结果如图 8-23 所示。

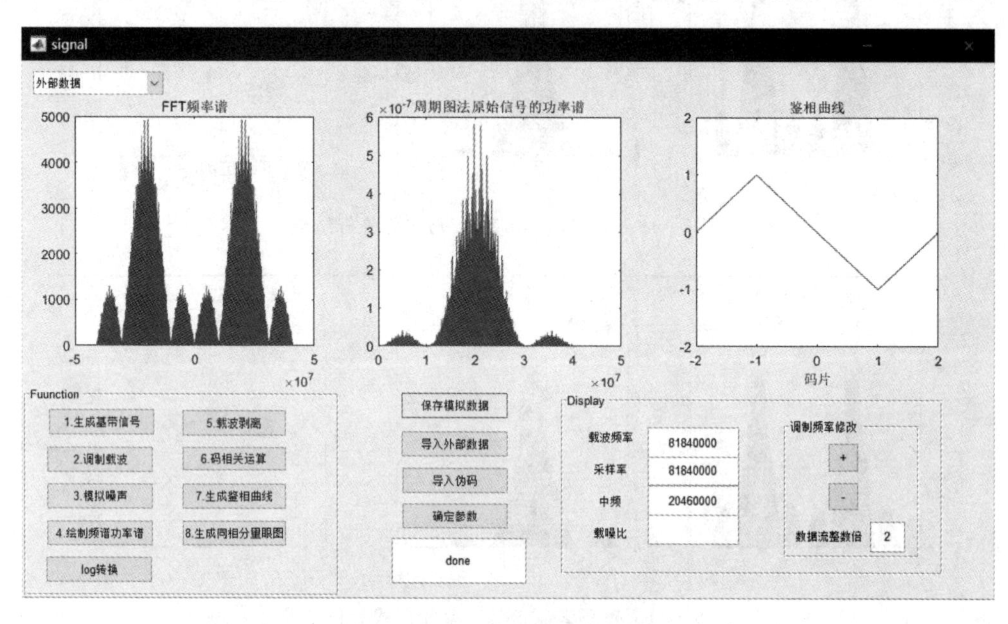

图 8-23　完成外部数据的分析

8.4　信号质量评估可视化结果展示

对于信号的评估，在前几章的基础上，主要从时域、频域等多个领域对信号的信息进行展示。

8.4.1　时域评估结果

时域的评估结果由眼图来表征，图 8-24～图 8-30 给出了 GPS L1 C/A 支路及 E1 频点和 E5 频点各条支路的眼图结果。

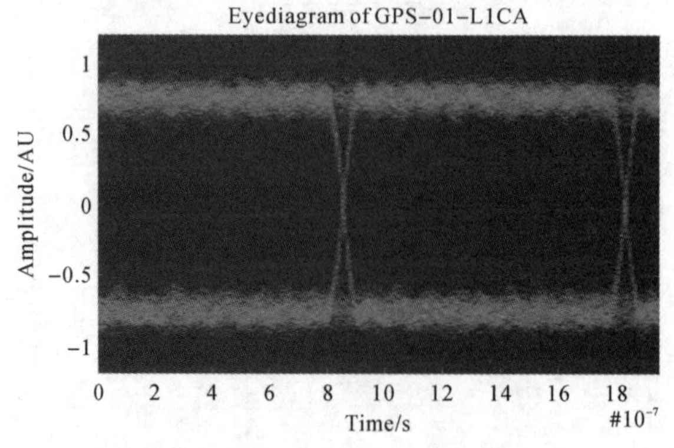

图 8-24　信号 3 L1C/A 支路信号的眼图

由信号 3 的眼图可以看出信号眼皮较厚,迹线模糊,但信号电平跳变迅速,“眼睛”张开度较大,信号过零点范围较窄,虽然眼图畸变较大,但定时测距误差较小。

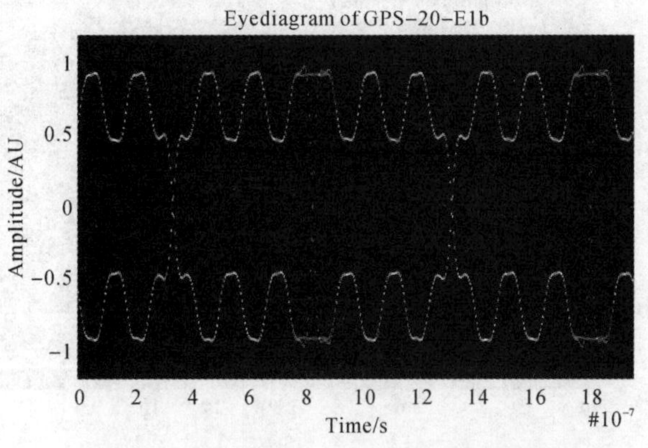

图 8-25　信号 4　E1b 支路信号的眼图

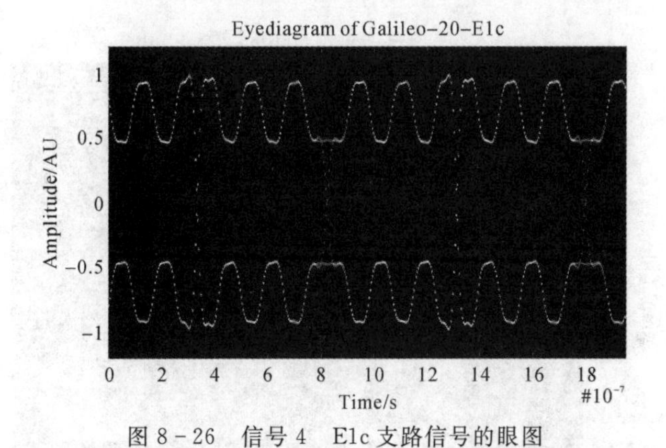

图 8-26　信号 4　E1c 支路信号的眼图

由信号 4 的眼图可以看出该 E1 信号使用 CBOC 调制因此具有四电平幅值,眼图眼皮较薄,迹线清晰,张开度较好且具有较小的过零点变动范围,能够提取到准确的定时信息,噪声较小,模拟畸变带来的码片抖动不明显,未出现严重波形畸变,质量较好。

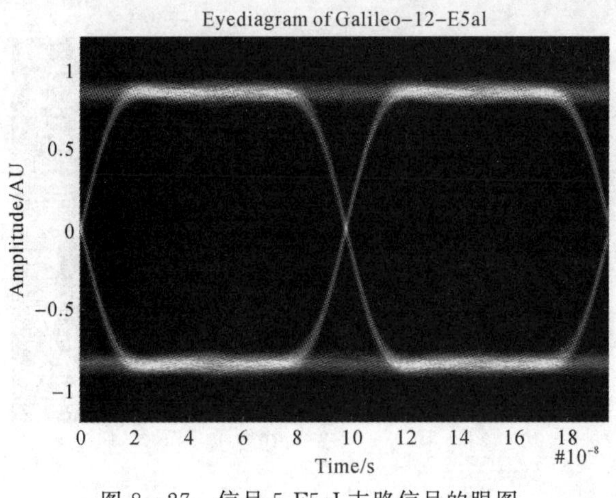

图 8-27　信号 5 E5aI 支路信号的眼图

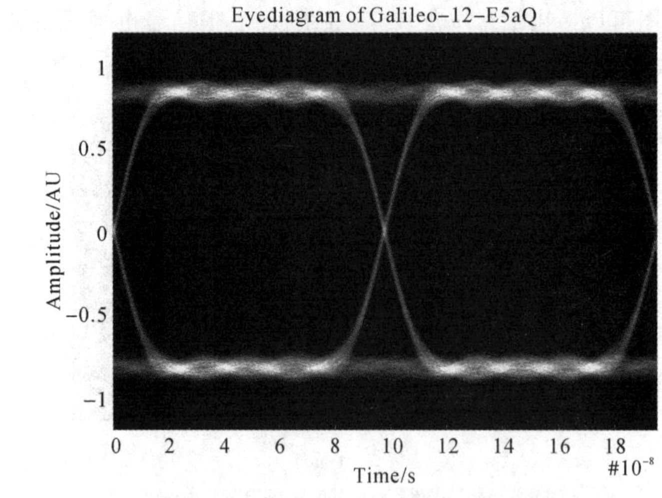

图 8-28　信号 5 E5aQ 支路信号的眼图

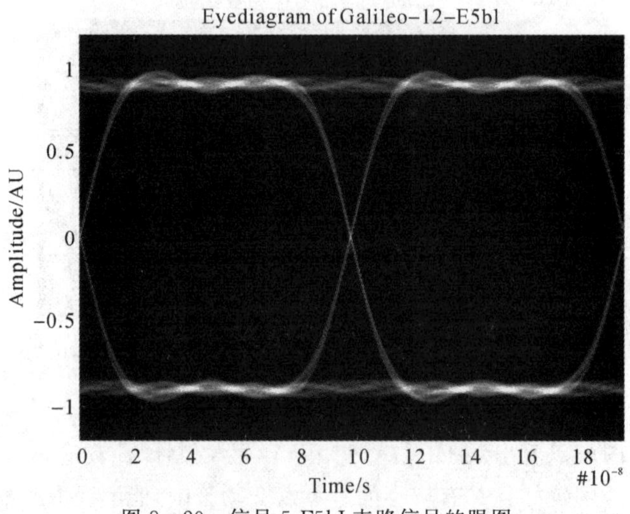

图 8-29　信号 5 E5bI 支路信号的眼图

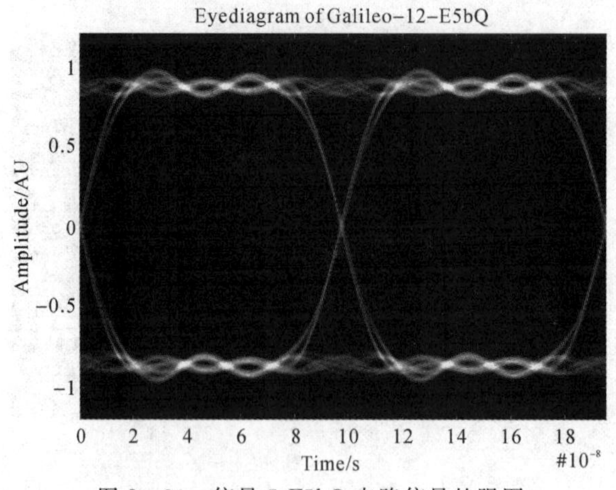

图 8-30　信号 5 E5bQ 支路信号的眼图

分别比较 E5a 和 E5b 信号发现，E5a 支路信号的眼图普遍眼皮较厚，“眼睛”张开度偏小，过零点变动范围略大，信号质量较差，E5b 支路的信号迹线模糊度较低，眼皮较薄，眼图张开度较大，信号质量略优。再分别比较 E5a 和 E5b 信号 IQ 支路的眼图可以看出 I 支路的眼图相较于 Q 支路波动幅度更大、更明显，模拟畸变较严重，信号质量更差。

8.4.2　频域评估结果

频域的评估结果由信号的功率谱密度来表征，分析时所截数据为信号最后的 400 ms，将信号以 50％的重叠率截取长度为 1 ms 的数据作为一段进行处理，并在分段后使用布莱克曼窗进行平滑滤波，最后对所获得的功率谱计算结果做了归一化处理。图 8－31 和图 8－32 分别给出了 Galileo 的 E1 和 E5 频点的实际功率谱和理想功率谱对比图。

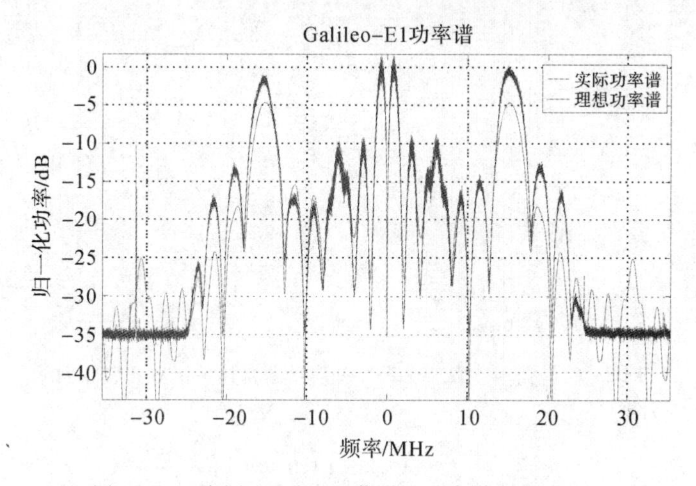

图 8－31　实际和理想 E1 信号的功率谱密度函数

可以看出实测信号的功率谱密度函数和理想的功率谱密度函数拟合度较高，且 E1 频点信号功率谱密度具有良好的平滑性和对称性，信号中心频点无偏移，无明显的载波泄露，信号质量优良。

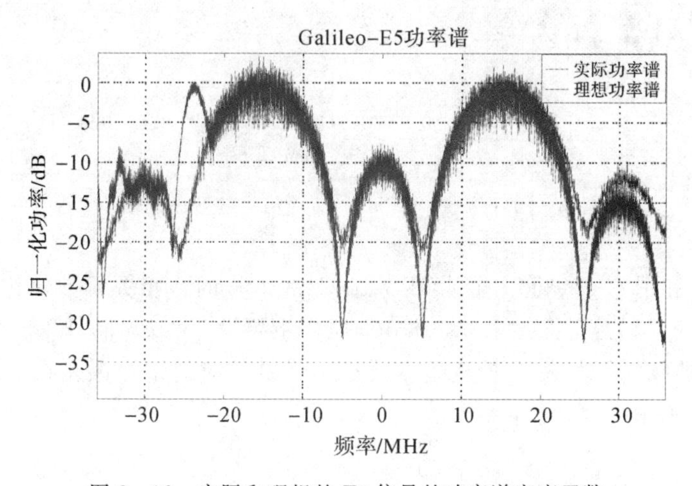

图 8－32　实际和理想的 E5 信号的功率谱密度函数

由图 8-32 可知 E5 频点的信号功率谱密度图拟合度较低，上边带，即 E5a 支路出现明显畸变现象，且上、下两边带不对称，信号的功率谱密度图平滑性与 E1 频点图相比较差，但未出现明显的载波泄露情况。

8.4.3 相关域评估结果

相关域的评估结果由信号的相关函数和信号的 S 曲线来表征，还计算了不同相关器间隔下的 S 曲线偏差，所得的评估图如图 8-33～图 8-38 所示。

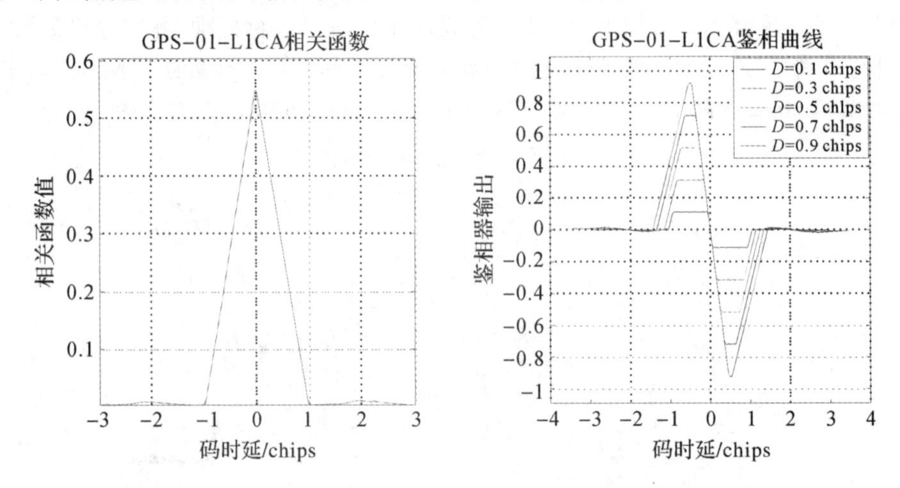

图 8-33 信号 3 GPS L1 C/A 信号的自相关函数和鉴相曲线

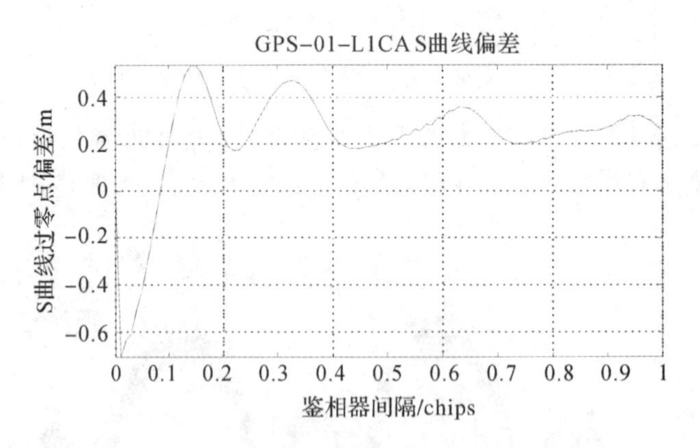

图 8-34 信号 3 GPS L1 C/A 信号的 S 曲线偏差

由图 8-33 和图 8-34 可以看到 GPS L1 C/A 信号的自相关函数对称性较好，相关峰尖锐，无明显畸变，相关损耗为-2.557 4 dB，损耗主要源于 GPS 信号 L1 频点上的 CASM 多路复用，鉴相曲线斜率较大，S 曲线偏差所显示信号相应的跟踪误差在 1 m 左右，同鉴相所用相关器间隔关系不大。

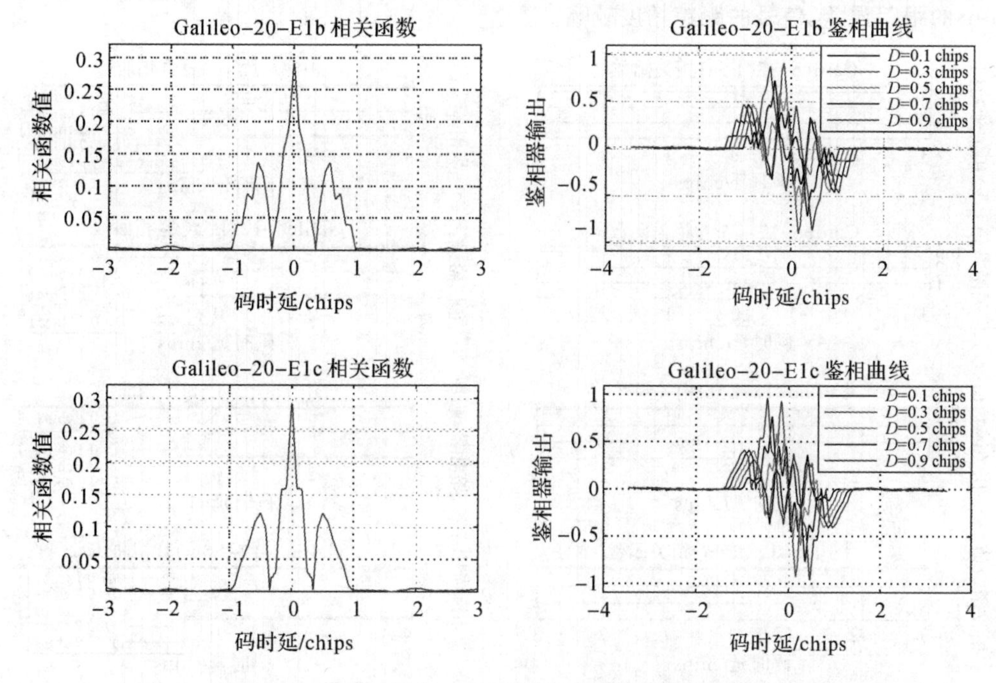

图 8-35　信号 4 Galileo E1 信号的自相关函数和鉴相曲线

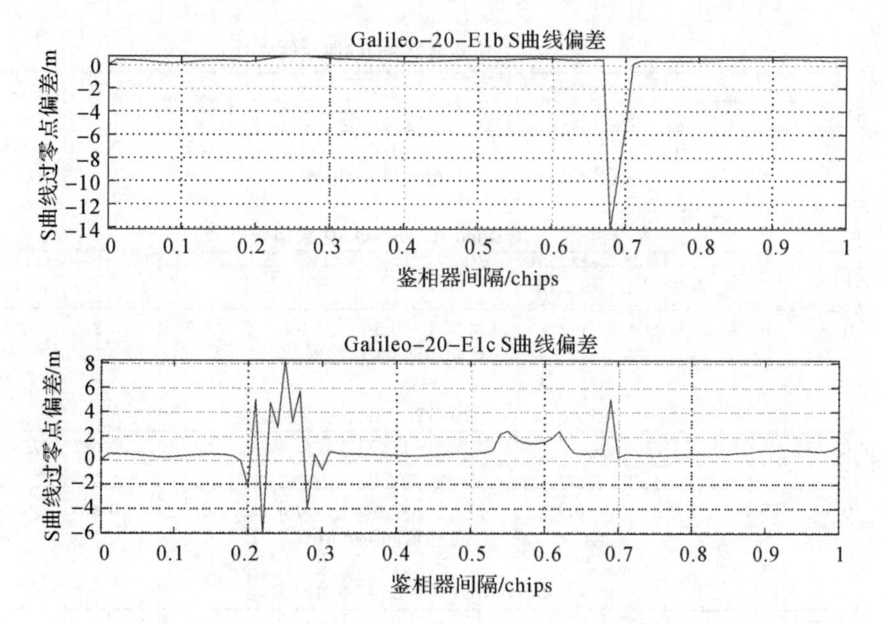

图 8-36　信号 4 Galileo E1 信号的 S 曲线偏差

由图 8-35 和图 8-36 可以看到 Galileo E1 信号带绝对值的自相关函数，其相关峰更加尖锐，但不够平滑，相关峰左右对称性较好，鉴相曲线斜率绝对值较大，两路信号的相关损耗分别为-5.348 5 dB 和-5.363 3 dB，损耗主要是由 E1 频点上分别复合了 E1a，E1b 和 E1c 三路信号所导致的，其 S 曲线偏差也在选择合适的相关器间隔上能够获得稳定小于

0.5 m 的跟踪误差，信号的跟踪精度较高。

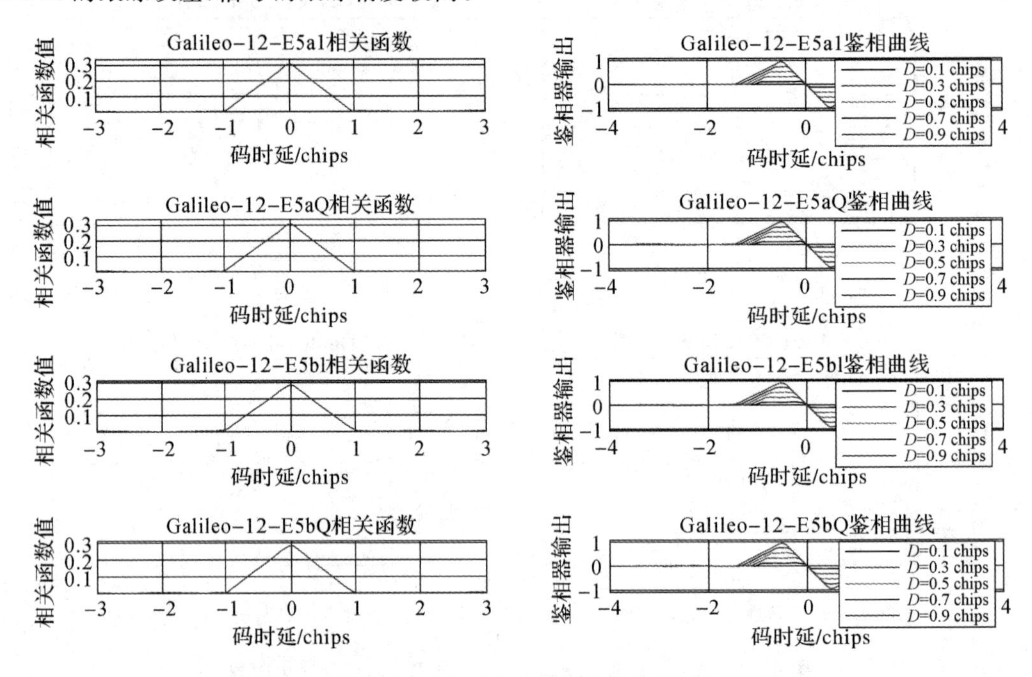

图 8-37 信号 5 Galileo E5 信号的自相关函数和鉴相曲线

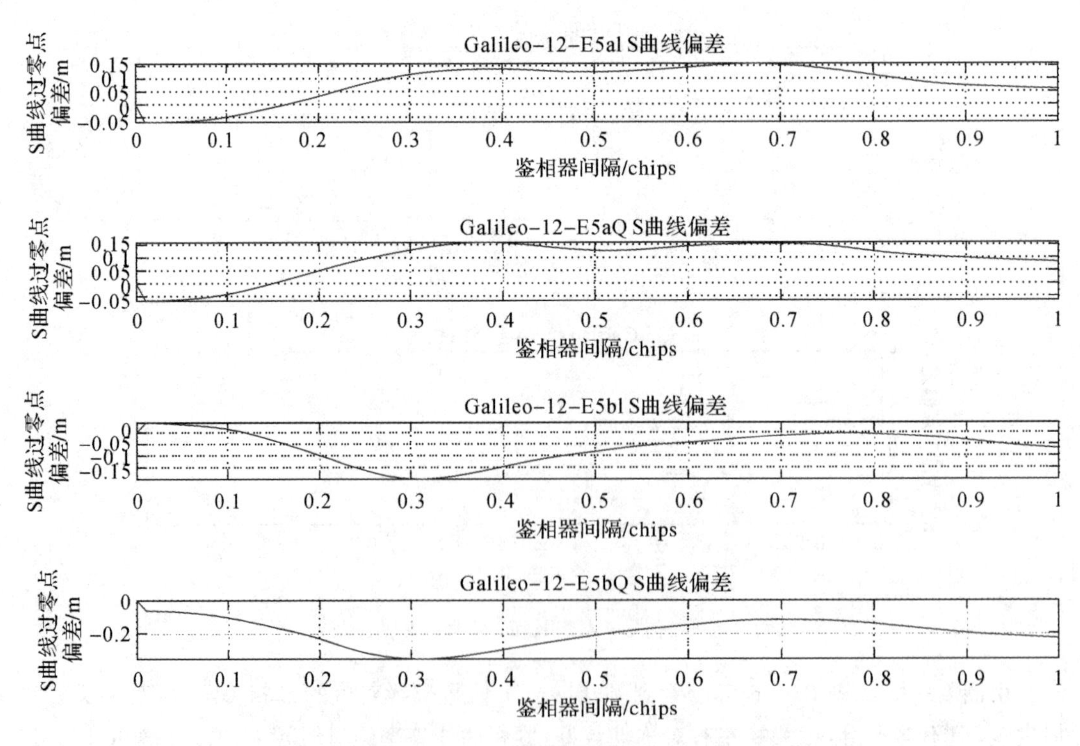

图 8-38 信号 5 Galileo E5 信号的 S 曲线偏差

由图 8-37 和图 8-38 总体来看，Galileo E5 频点的四路信号的自相关函数，其相关峰高度对称,受干扰畸变较小,鉴相曲线也几乎一致,这点从理论上也能得到类似的推论,a 曲线偏差更加小,跟踪误差最大不超过 0.4 m,选择合适的相关器间隔还可以有效减小跟踪误差,提高跟踪精度。

8.4.4　调制域评估结果

调制域的评估结果由信号的星座图来表征,所得的评估图如图 8 - 39～图 8 - 42 所示。

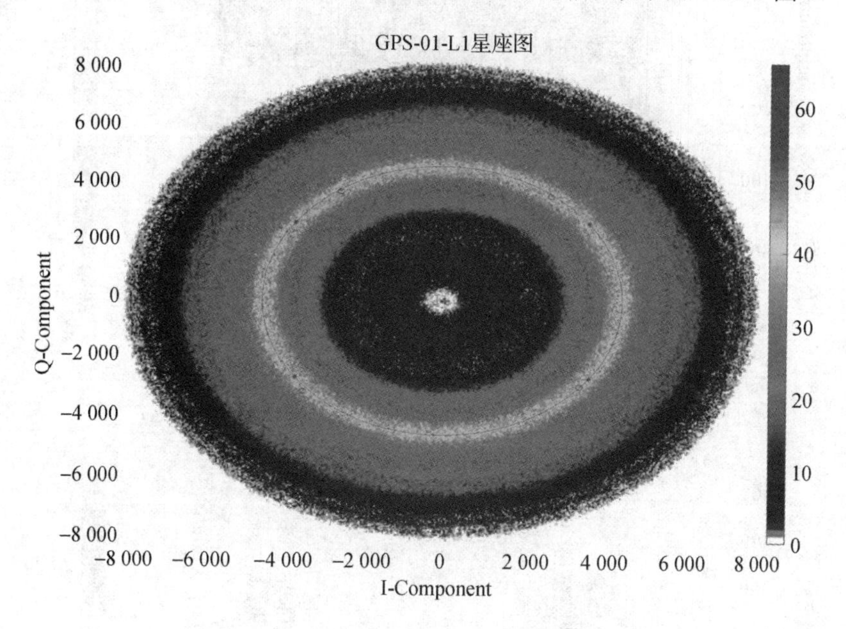

图 8 - 39　信号 3 GPS L1 C/A 信号的星座图

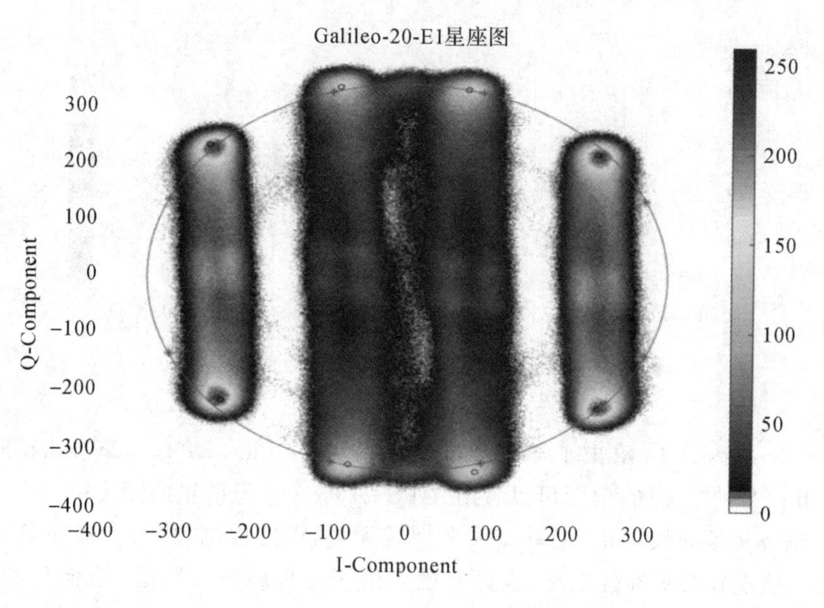

图 8 - 40　信号 4 Galileo E1 信号的星座图

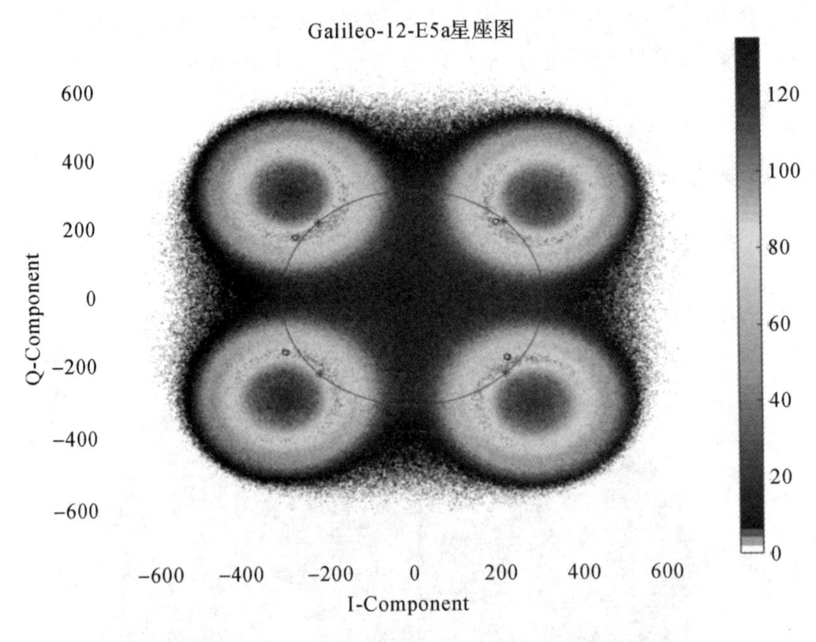

图 8-41　信号 5 Galileo E5a 信号的星座图

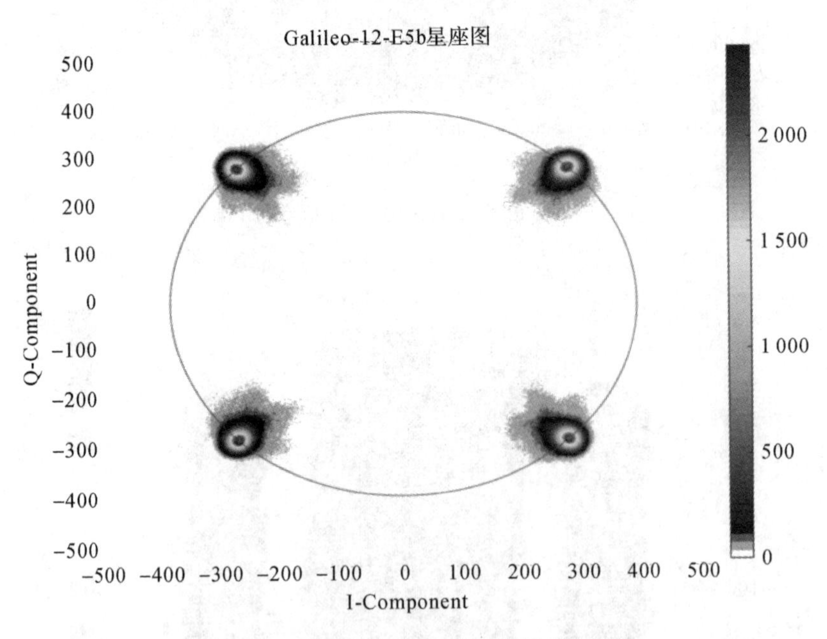

图 8-42　信号 5 Galileo E5b 信号的星座图

图 8-39～图 8-42 给出了 GPS L1 C/A 信号、Galileo E1 信号、Galileo E5a 信号和 Galileo E5b 信号的星座图，由图可以看出，GPS L1 C/A 信号的星座图集中分布于理想点所在圈层上，整体星座图较端正，但散点发散性较大，模糊度较高，信号分布不集中。Galileo E1 信号的星座图较为对称且端正，大部分散点落于理想调制点周围，能准确体现出 E1 信号的调制特征，幅度均衡，能量分配平均。Galileo E5a 信号和 Galileo E5b 信号的理想星座

图形式一致，都类似于 QPSK 调制的星座图，但由实际信号分析可得所收集的 E5a 频点信号散点图发散性大，受到了较大程度的干扰，因此实际信号聚集中心点同理想调制点相差较远，只能显示大概的调制特征，但不准确。而相比起来，Galileo E5b 频点信号的星座图端正准确，散点聚合度高，调制特性好，未受到明显干扰，信号质量更优。

8.4.5　一致域评估结果

一致域的评估结果由码与载波相位一致性和同频点间的码相位一致性来表示，实际显示为所解算出的伪距之差，所得的评估图如图 8-43～图 8-46 所示。

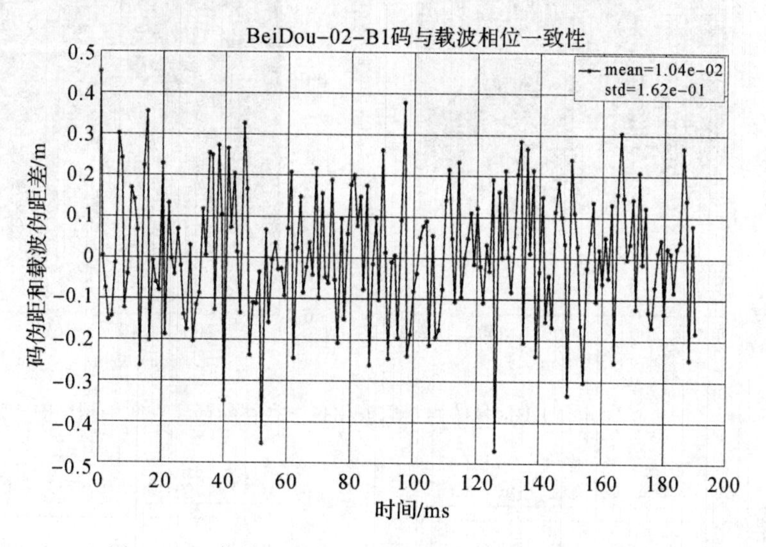

图 8-43　信号 1 北斗 B1I 信号的码与载波相位一致性

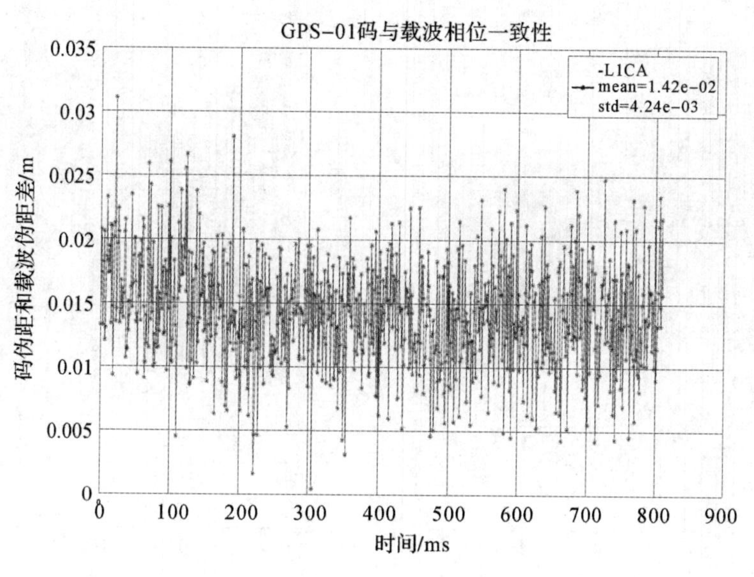

图 8-44　信号 3 GPS L1 C/A 信号的码与载波相位一致性

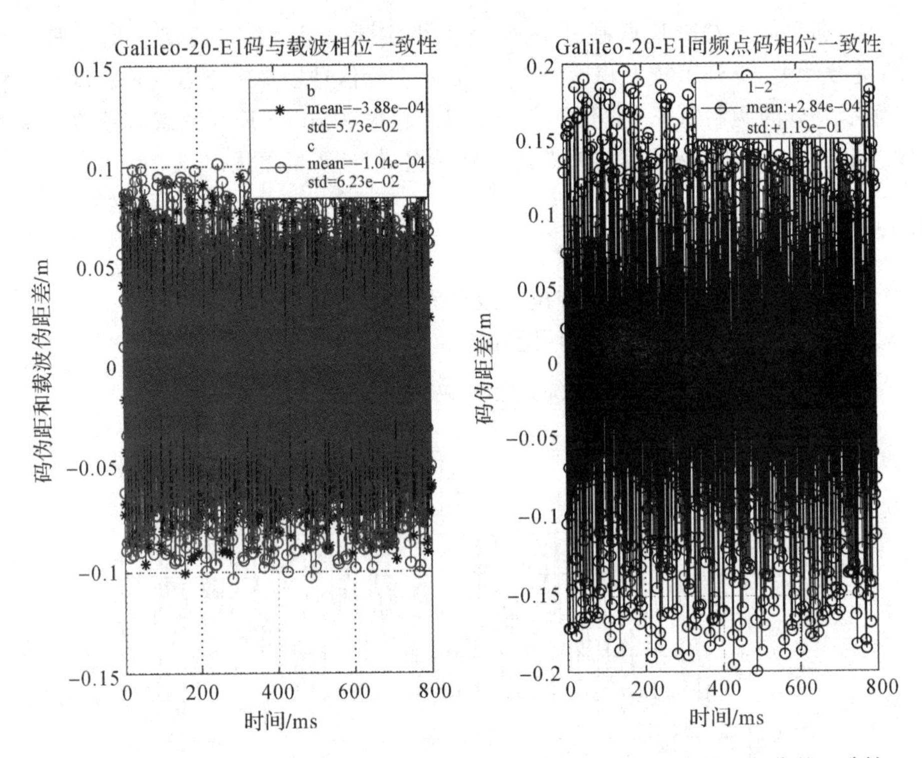

图 8-45　信号 4 Galileo E1 信号的码与载波相位一致性和同频点间码相位的一致性

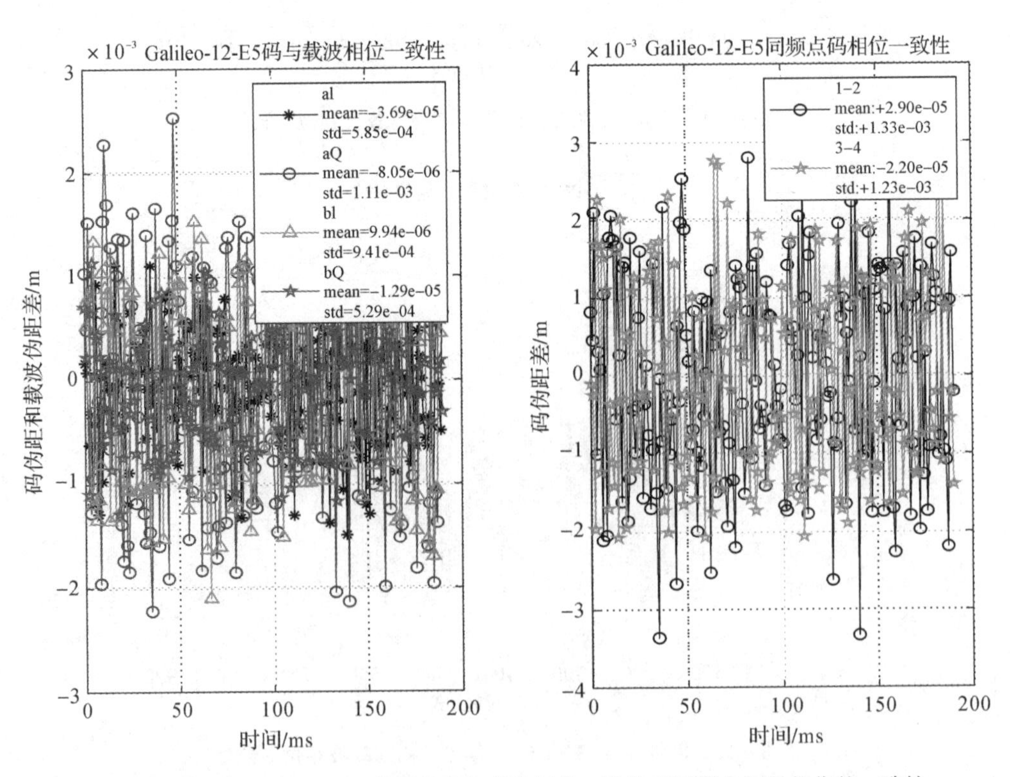

图 8-46　信号 5 Galileo E5 信号的码与载波相位一致性和同频点间码相位的一致性

图 8-43～图 8-46 给出了抽取的 200 ms 内各个信号的一致性结果，从图上可以清楚地看到北斗 B1I 信号信号的码伪距和载波伪距的相对波动不超过±0.5 m，GPS L1 C/A 信号的码伪距与载波伪距的相对波动更低，不超过 0.035 m，码与载波相位一致性更好。Galileo E1c 信号的码伪距与载波伪距的相对波动平均值为±0.010 6 m，波动值不超过±0.02 m；Galileo E1b 信号的码伪距与载波伪距的相对波动平均值为±0.014 5 m，波动值不超过±0.025 m，码与载波的一致性较好，同频点的码伪距波动平均值为±0.024 9 m，波动值不超过±0.045 m，同频点的码间一致性也较高。Galileo E5 频点的各个信号的码伪距与载波伪距相差不大，就算是差距最大的 E5aQ 支路间最大差距也小于 0.003 m，同频点码间相位一致性也很高，都在 10^{-3} 次方量级上，一致性在所评估数据中最优。

8.5　本章小结

本章在前几章的评估方法的基础上，设计了空间信号评估软件，对空间信号质量评估领域取得一定的进展。通过设计并实现空间信号评估软件，研究人员能够更全面、更深入地评估各种卫星信号的性能和质量，从而提高了空间通信和导航系统的可靠性和稳定性。这项工作的成果为未来的信号评估研究和应用提供了有力的支持。该软件可以产生各个系统各个频点所播发的对应调制方式的零中频信号用于信号质量分析，并对所采集到的实测信号和仿真生成的卫星信号进行了捕获和跟踪，还对比分析了不同信号的时域特征、频域特征、相关域特征、调制域特征和一致域特征，给出了信号的可视化分析评估结果，证明了该信号质量评估体系和软件的实用性。

8.6　思考题

1. 在本章中，是如何进行信号质量评估的可视化分析的？
2. 可视化分析的主要思路是什么？
3. 通过可视化分析，你对信号质量评估体系有了什么新的认识？
4. 你还可以想出其他一些使用可视化工具进行信号质量评估的方法吗？

参 考 文 献

[1] 孙爱晶,党薇,吉利萍.通信原理[M].北京:人民邮电出版社,2013.
[2] 石明卫,莎柯雪,刘原华.无线通信原理与应用[M].北京:人民邮电出版社,2014.
[3] 俞一彪,孙兵.数字信号处理[M].南京:东南大学出版社,2021.
[4] 杨杰,刘珩,卜祥元,等.通信信号调制识别[M].北京:人民邮电出版社,2014.
[5] 胡沁春,刘刚利,高燕.信号与系统[M].重庆:重庆大学出版社,2015.
[6] TENOUDJI F C. Analog and digital signal analysis[M]. Berlin:Springer, 2016.
[7] TIAN S Q, YING G. Signal processing and data analysis [M]. Berlin: De Gruyter,2018.
[8] 田宝玉,杨洁,贺志强,等.信息论基础[M].北京:人民邮电出版社,2016.
[9] 姚善化,许恒迎,许耀华,等.信息理论与编码[M].北京:人民邮电出版社,2015.
[10] 于秀兰,王永,陈前斌.信息论与编码[M].北京:人民邮电出版社,2014.
[11] 陆宏.信息、算法与编码[M].南京:南京大学出版社,2020.
[12] MOU - HSIUNG C. Theory of quantum information with memory[M]. Berlin:De Gruyter,2022.
[13] STEFAN H. Information and communication theory[M]. Hoboken:John Wiley & Sons, 2019.
[14] AVERY S J. Information theory and evolution [M]. 2nd ed. Singapore: World Scientific Publishing Company,2012.
[15] 谭静,卞晓晓,张小琴,等.信号与线性系统分析[M].南京:南京大学出版社,2016.
[16] 杨学志.通信之道[M].北京:电子工业出版社,2016.
[17] 爱琴.通信原理[M].成都:西南交通大学出版社,2023.
[18] JABBOUR C, DESGREYS P, DALLET D. Digitally enhanced mixed signal systems[M]. London:IET Digital Library,2019.
[19] 杜勇.数字通信同步技术的 MATLAB 与 FPGA 实现[M].北京:电子工业出版社,2020.
[20] MCFEE B. Digital signals theory[M]. Leiden:CRC Press,2023.
[21] ABOOD I S. Digital signal processing:a primer with MATLAB[M]. Leiden:CRC Press,2020.
[22] MONTAGNOLI A N. Digital signal processing [M]. Shanghai: Tritech Digital Media,2018.
[23] KRISHNA H. Digital signal processing algorithms[M]. Leiden: CRC Press,2017.
[24] 谢钢. GPS 原理与接收机设计[M].北京:电子工业出版社,2017.
[25] 曹冲.北斗与 GNSS 系统概论[M].北京:电子工业出版社,2016.
[26] 吴海涛,李变,武建锋,等.北斗授时技术及其应用[M].北京:电子工业出版社,2016.

[27] 李冬航. 卫星导航标准化研究[M]. 北京:电子工业出版社,2016.

[28] 姚铮,陆明泉. 新一代卫星导航系统信号设计原理与实现技术[M]. 北京:电子工业出版社,2016.

[29] PETROPOULOS G P, SRIVASTAVA P K. GPS and GNSS technology in geosciences[M]. Amsterdam:Elsevier,2021.

[30] OBASI O. Global Positioning System (GPS) fundamentals[M]. Shanghai: Tritech Digital Media,2018.

[31] GREWAL M S, ANDREWS A P, BARTONE C G. Global navigation satellite systems, inertial navigation, and integration[M]. 4th ed. Hoboken: John Wiley & Sons, 2020.

[32] 匡畅,龚兰芳,王思婷,等. 无线通信技术及应用[M]. 北京:中国水利水电出版社,2020.

[33] 吴利民,王满喜,陈功. 认知无线电与通信电子战概论[M]. 北京:电子工业出版社,2015.

[34] TOFANI B G. Wireless communication[M]. Shanghai:Tritech Digital Media,2018.

[35] SHARMA V, BALUSAMY B, FERRARI G, et al. Wireless communication technologies:roles, responsibilities, and impact of IoT, 6G, and blockchain practices [M]. Leiden:CRC Press,2024.

[36] HAUPT R L. Wireless communications systems: an introduction[M]. Hoboken: John Wiley & Sons, 2020.

[37] HAESIK K. Design and optimization for 5G wireless communications[M]. Hoboken:John Wiley & Sons, 2020.